THE SECRETS OF
CORAL REEFS
珊 瑚 礁 里 的 秘 密 科 普 丛 书

国家出版基金项目
NATIONAL PUBLICATION FOUNDATION

THE SECRETS OF
CORAL REEFS
珊瑚礁里的秘密科普丛书

黄　晖 **总主编**

珊瑚礁与
人类

杨立敏 ——— 主编

文稿编撰 / 姜尚 李艺斐 林华英
图片统筹 / 陈龙

中国海洋大学出版社
CHINA OCEAN UNIVERSITY PRESS

珊瑚礁里的秘密科普丛书

总主编 黄 晖

编委会

在辽阔深邃的海洋中存在着许多"生命绿洲"，这些"生命绿洲"多分布在热带和亚热带的浅海区域，众多色彩艳丽的生物生活于此、繁荣于此、沉积于此。年岁流转，这里便形成了珊瑚礁生态系统。

这些不足世界海洋面积千分之一的珊瑚礁却庇护了世界近四分之一的生物物种，其生物多样性仅次于陆地的热带雨林，故被称为"海洋热带雨林"。

这里瑰丽壮观、神秘富饶，吸引着人们的目光。

本丛书将多角度、全方位地展示珊瑚礁里的世界，一层层地揭开珊瑚礁生态系统的神秘面纱。通过阅读丛书，你将透过清丽简约的文字和精美丰富的图片去一探汹涌波涛下的生命奇观，畅享一次知识与趣味双收的"珊瑚礁之旅"。同时，本丛书也将逐步揭开人类与珊瑚礁的历史渊源，站在现实角度，思考珊瑚礁生态系统的未来。在国家海洋强国战略的大背景下，合理利用海洋资源、正确开发并切实保护好珊瑚礁资源，更加需要我们认识并了解珊瑚礁生态系统。

　　"绛树无花叶，非石也非琼"，诗中的珊瑚美丽动人，但你可知道珊瑚非花亦非树，而是海洋中的动物，是珊瑚礁的建造者。在《探访珊瑚礁》中，你会知晓或如花般摆动或如蒲柳般招展的珊瑚动物的一生，知晓珊瑚礁的往昔。你无须出航也无须潜水，就能"畅游"世界上著名的珊瑚礁群落，领略南海珊瑚礁、澳大利亚大堡礁的风采，初步了解珊瑚礁的分布情况。也可以窥见珊瑚礁中灵动的生命、珊瑚礁与人类的历史渊源。

　　数以万计的生物共处于珊瑚礁系统中，它们之间有着千丝万缕的联系。这些联系在《珊瑚礁里的食物链》一书中得以呈现。无论是微小的藻类，还是凶猛的肉食鱼类，它们都被一张无形的大网网罗在这片珊瑚礁海域，各种生物的命运环环相扣，息息相关，生命之间的碰撞让这里精彩纷呈。

　　为了生存，生活在这里的"居民"早就练就了出色的生存本领。

　　《珊瑚礁里的生存术》带你走近奇妙的珊瑚礁生物，旁窥珊瑚礁"江湖"中的"血雨腥风"，一睹珊瑚礁"居民"的"绝代风华"。它们在竞技场中尽显身手，或遁影于无形或一招制敌……

　　也许很多人对珊瑚礁生物的最初印象会源于礁石水族箱里色彩艳丽、相貌奇异的宠物鱼，对它们的生活习性却并不了解。《珊瑚礁里的鱼儿》书写了珊瑚礁里"原住民""常客""稀客""不速之客"的生活。书中所述鱼类虽然只是珊瑚礁鱼类的一部分，但也从一个侧面展现了它们的灵动之美和生存智慧。有些鱼儿"鱼大十八变"，不仅变了相貌还会逆转性别，有些鱼儿则演化出非同一般的繁殖方式……

　　珊瑚礁不仅用色彩装饰着海底世界，更给人类带来了许多的惊喜与馈赠。在《珊瑚礁与人类》中，你将看到古往今来的人们如何发掘利用这一方资源，珊瑚礁如何在万千生命的往来中参与并见证

人类社会文明的发展。在这里，你将见到不一样的珊瑚，它们不再仅仅是水中的生灵，更是镌刻着文化价值的海洋符号。你也能感受到珊瑚礁在人类活动和环境变化下所面临的压力。好在有越来越多的"珊瑚礁卫士"在努力探索、不断前行，为守护珊瑚礁辛勤付出。

当你翻过一张张书页，欣赏了千姿百态的珊瑚礁生灵，见识了它们的生存之道，领略了大自然的鬼斧神工，或许关于海洋的"种子"已然在你心中悄然发芽。珊瑚礁里的一些秘密已被你知晓，但珊瑚礁的未解之谜还有很多。珊瑚礁环境不容乐观，珊瑚礁保护与修复道阻且长，需要我们每一个人去努力。■

　　浩瀚汪洋，因为有了它，添了绚烂的色彩；多样生态，因为有了它，不失纷繁的生机；海洋与人类，在它的见证下，携手跨越了千年。珊瑚，广袤无垠的海洋里动静皆宜的精灵，它在源远流长的人类历史中，渗透到了我们生活的方方面面。珊瑚如同人类一般，素爱群居；珊瑚礁是岁月留给珊瑚的财富，更是海洋给予人类的馈赠。

　　神秘而丰饶的海洋，从不吝惜展示自己的财富，珊瑚礁，就是人类的百宝箱。它千姿百态，物种万千，具有丰富的资源价值；它兼容并包，饵料丰盈，是渔业发达的摇篮。它是李时珍笔下"明目，镇心"的良药，更是如今能够与我们的血肉结合在一起的"珊瑚人工骨"；它是石油与天然气的襁褓，更可化为足以代替水泥钢筋的"珊瑚混凝土"。它不仅零散地渗透到我们生活的各个方面，更是重要的国土资源，它们裹挟着海风，在旅游胜地等待我们拜访探寻。水下餐厅，潜水摄影，给了我们亲近这些美艳精灵的机会，更让我们成为珊瑚之伴，海洋之子。

在本书中，你将见到不一样的珊瑚，它不再仅仅是端居于海中的观赏品，不再仅仅是水中的生灵，它更有着跨越历史、横亘时空的文化价值。文化是人类特有的文明符号，珊瑚是海洋特有的生物符号，当二者得以融合，一种微妙的美感应运而生。做工精细、繁复华美的珊瑚饰品以其莹润的光泽和极富生命力的形态给观者以极大的美学享受。而珊瑚礁的文化魅力远不仅于此：它是摄影师镜头下定格的魔法，是打破时空界限的彩绘；它成就了脱俗的镌刻，汇入了朗朗的华章……

远古时期，人们就对珊瑚有着深深的自然崇拜：海中之物，却有着陆地上枝丫的形状，颜色火红，又与太阳有着某种联系。水，火，陆，海，在珊瑚的身上，得到了奇异的融合，怎不让人心生敬畏？悠远而神秘的宗教，广博而宏大的民俗，无不将珊瑚涵盖其间。

抚摸着一株小小的珊瑚，你可以获得美的享受，更能体味海的浪漫。打开这一本全新的书，你可以领略珊瑚与人类跨越千年的相生相伴，更能获得一场别样的邂逅。■

目录 / Contents

■ 人类的"百宝箱"   1

◼ 中国探索 143

人类的"百宝箱"

（一）资源价值

　　大家如果有机会去海南岛、马尔代夫等地旅游，一定忘不了那片湛蓝清澈的海水，也会被水下五彩缤纷、绚丽多姿的珊瑚礁深深地吸引。事实上，在热带、亚热带海洋及暖流经过的海域，常藏有一座座色彩艳丽、千姿百态的珊瑚礁。它们分布在水质清澈、光照充足的热带海洋，是非常重要的海洋资源。分布广泛的珊瑚礁为人类的生产生活提供了丰富的生物资源，具有很高的生态功能和社会效益。

渔业价值

海洋生物的天堂

　　神秘莫测的海底世界是海洋生物的天堂，珊瑚礁又被称为"海洋中的热带雨林"，被认为是地球上出现最早、最珍贵、最多姿多彩的生态系统之一。之所以这样称呼，是因为珊瑚礁如同大陆上的热带雨林一般，维护着海洋生物的一方安居之所，为它们

提供食物，也为它们提供活动场所：蠕虫、软体动物、海绵动物、棘皮动物和甲壳动物等众多海洋生物生活在其间。此外，造型奇特、崎岖复杂的地形地貌使得珊瑚礁为濒危的海洋生物创造出了一道天然的屏障，"海上长城"的美名也是由此而来的。值得注意的是，大洋带鱼类的幼鱼也生长于珊瑚礁之中，得益于珊瑚礁的供养和保护，很多鱼类的幼苗存活率大大提升。

正是由于珊瑚礁得天独厚的生物优势，在海洋渔业资源的产出方面有着非常重要的作用。珊瑚礁为许多具有商业价值的鱼类提供着大量的食物来源和优越的繁殖场所，在一个珊瑚礁区域内，共同生活的鱼类可达 3 000 种。据科学家估计，在 1 平方千米珊瑚礁海域就能够捕获四五吨鱼虾，相比之下，我们通常开展近海渔业作业的海域内，相同面积海域所能捕获的鱼虾就少得多。珊瑚礁区鱼类的密度大约是大洋中鱼类密度平均数的 100 倍，这是多么惊人的差距啊！

得到珊瑚礁庇护的幼鱼

珊瑚礁海域提供了全球约10％的渔业产量，我们国家地大物博，作为有着丰富海洋资源的国度，我国渔业发展也与珊瑚礁息息相关。你知道吗，一条小鱼从卵孵化再慢慢长大一直到生命消逝，这贯穿它一生的活动过程，被科学家们称为鱼类的生命周期。在我国南海，为数众多的鱼类中，其生命周期与珊瑚礁构成联系的多达569种，而在沿海的重要渔场有近一半的鱼类，其生命周期与珊瑚礁息息相关的。珊瑚礁就像一位慈祥的母亲，她亲切地包容着各种鱼类自在地生活在其间，各种生物也满怀着感恩之心为珊瑚礁留下丰沛的养料，生生不息的生命循环与日益扩大的珊瑚礁海区共同构成了自然的和谐。

珊瑚礁海区生物种类繁多、数量庞大，具有重要经济价值的动植物自然是少不了的。素有"海中鲤鱼"之称的石斑鱼、营养价值颇高的"软黄金"——鲍鱼、珍稀美味的江珧、会"金蝉脱壳"的海参等在珊瑚礁区都能找到。种类繁多，营养价值

鲍鱼

石斑鱼

和经济价值都十分重要的海洋生物不仅有利于渔业发展，还为珊瑚礁海域附近的渔民生活和城镇水产业发展作出了重要贡献。可以说，保护珊瑚礁，有利于保障渔业发展、渔民就业和海产品的充足供给。

除此之外，珊瑚礁海域内可以养殖珍珠、麒麟菜和江蓠等海洋生物。珊瑚礁海

海参

江珧

麒麟菜

域内的珍珠由于珊瑚礁为其提供了天然屏障而得以自然地生长，产量较一般的宽阔海域大大提高。麒麟菜的养殖同样也离不开珊瑚礁提供的环境。提到麒麟菜，大家可能不太熟悉，但是提到果冻和软糖，大家一定不会陌生。卡拉胶是制作果冻和软糖的重要原料，而它就是从麒麟菜提取出来的。麒麟菜因为其形态如同麒麟的角而得名，它一般生长于海底珊瑚礁上，其基质附着于鹿角珊瑚。传统的养殖方法就是先在船上劈好麒麟菜种苗，而后潜到海底，在珊瑚礁缝隙中将种苗逐株插入，尽量保持距离相等，等待其蔓延生长。

鹿角珊瑚

　　总之，珊瑚礁海域聚集着大量的海洋生物，很多生物种类在珊瑚礁生态系统中都能寻得一席之地。对于多元的海洋生物来说，珊瑚礁是一个有力的庇护所；对于沿海城市来说，它不仅是许多经济性鱼、虾、蟹、贝类等的栖息环境，更是巨大的经济"永动机"。它不仅为人们提供了重要的渔业资源，也为整个海洋生态系统的维护和生物多样性的保护作出了重要贡献。

"海底燕窝"：麒麟菜

美丽的砗磲

虫黄藻

不买椟，也有"珠"

　　"买椟还珠"这个成语大家一定都知晓，故事中那颗耀眼的明珠惹人遐想，砗磲珍珠就是这么一种很美的珍珠。砗磲是双壳贝中最大的一类，俗称五爪贝，是一类大型海洋珊瑚礁底栖贝类，广泛分布于热带珊瑚礁海域。砗磲是一种雌雄同体的生物，父母的重担可以同时担起。不过它的生长期并不短暂，从一颗小小的受精卵慢慢孵化成为幼虫，经历单轮幼虫、浮游面盘幼虫、后期面盘幼虫等漫长的阶段，最终才有机会成长为稚贝，砗磲要经过二至三年才能发育成熟。

　　砗磲的独特之处在于其貌不惊人的"外衣"——外套膜，外套膜内住着大量的单细胞生物——虫黄藻，砗磲依靠虫黄藻的光合作用提供的营养和能量就可以生活。在海水里砗磲张开壳时，砗磲富含虫黄藻的外套膜色彩缤纷、艳丽非常，如同海中烂漫的石花。如同在世界上你无法找到两片相同的叶子一样，即便是同一品种的砗磲也有着不同的颜色和图案。

砗磲因其奇异动人的外形不仅有极高观赏价值，由此还带来了丰沛的经济价值。除去我们之前提到的砗磲珍珠之外，砗磲本身也可以成为绝佳的艺术品，在雕刻家的精心打磨之下，它们成了价值不菲的陈设品。美丽的砗磲并非仅仅是华而不实的观赏品，对于其赖以生存的家园——珊瑚礁来说，它是守护者，更是建设者。砗磲是热带珊瑚岛礁重要的造礁、护礁生物，有了它，珊瑚礁的生物多样性得以更好的保存，岛礁更加稳

砗磲手链

固。近年来，人们为了发展经济而对珊瑚礁的破坏日益加剧，砗磲为保护珊瑚岛礁所起到的作用就更加弥足珍贵。

砗磲还有一个不为大多数人所知晓但却对于世界环境保护有着重要价值的作用，就是它是属于碳汇渔业生物的一种。碳汇渔业，通过开展渔业活动，利用水生生物将水体中的二氧化碳吸收，再收获水生生物产品，就可以将这些碳移出水体，这一过程和机制就被称为"可移出的碳汇"。也就是说，碳汇渔业可以直接或间接吸收并储存水体中的二氧化碳，使得大气中的二氧化碳浓度得以

做工精美的砗磲艺术品

降低，可将碳汇功能充分发挥出来，以降低水体酸度，减缓气候变暖。碳汇渔业的理念和实践为渔业的低碳经济发展指出了方向，作为碳汇渔业的重要组成部分的砗磲养殖同样值得人们投以广泛的关注。

20世纪60年代，砗磲资源受到严重破坏，甚至在许多海域有些品种已经濒临灭绝。面对这种紧张的局势，从20世纪70年代末开始，与砗磲养殖相关的研究在世界各国陆续展开。印度尼西亚、菲律宾、巴布亚新几内亚和斐济等岛国相继开展了砗磲的生物学和养殖研究。澳大利亚对砗磲的研究也足够重视，1984年就成功进行了砗磲苗种的大规模培育。在世界范围内的探究保护过程中，一系列有关砗磲研究的集刊和专著相继面市。于是，越来越多的专业人士进行了专业的学习且得到了指导，并由此制定了一套有关砗磲繁殖的全系列的技术规程：从苗种生产到细心培育是在实验室里进行的，这是为了保证砗磲成长初期的成活率，在成功度过幼苗期后，它们就被投放到特

定海域进行海水养殖，在成年后，砗磲被放流到更为宽阔的海域实现增殖繁衍。为了保证产量和稀缺品种的延续，还采取了异域引种等方式。

近年来，我国在砗磲的人工培育上也下足了功夫。在我国南海珊瑚礁的潟湖、堡礁、岛礁的礁盘都有着丰富的砗磲资源。这些本该是砗磲分布十分密集的海域，却由于过度盗捕而造成了砗磲资源的严重破坏，砗磲也因此成了我国的濒危物种。长期以来，我国科学家为国内砗磲的培育做出了巨大的努力。2016年4月，国内首届"砗磲人工繁育研讨会"在海口召开，在会上，来自澳大利亚的砗磲养殖专家菲利普多尔担任了主讲，我国的相关专家和高端人才都在会议过程中积极探讨。会议结束后，专家们根据自己已有的专业知识，不断探索，在砗磲的人工繁育和养殖方面进行了多次试验，克服了许多客观困难，最终在同年6月，于海南的砗磲试验基地成功实现了砗磲贝保育项目的人工育苗与繁殖。南海海洋资源利用国家重点实验室迎难而上，其"海洋牧场与生态工程"团队对砗磲贝的人工育苗与繁殖展开了全面的研究。该团队共成功繁殖5批砗磲贝幼苗，这一成功不仅填补了国内关于海南砗磲贝人工育苗与繁殖研究的空白，更是在我国砗磲保护历史上具有里程碑式的纪念意义。

番红砗磲养殖

鳞砗磲养殖

无鳞砗磲养殖

药用价值

明代的李时珍曾在医学巨著《本草纲目》中写道："珊瑚生海底，五、七株成林，谓之珊瑚林……红色者为上……亦有黑色者不佳，碧色者亦良。昔人谓碧者为青琅玕……"由此看来，珊瑚礁不仅历史由来已久，而且在医药学上有着重要的作用。事实上，珊瑚礁不光为海洋生物提供理想的栖息环境，其本身也是一座巨大的宝藏等待人们层层挖掘。我们聪明的祖先早早就发掘了珊瑚的药用价值，古代的中医在治病救人时常常活用珊瑚：珊瑚时而被碾成粉末，时而作为配药与其他药物一起混用，借此来愈合病人的伤口。

中国最古老的国家药典《新修本草》（唐）中有"珊瑚可明目，镇心，止惊等功用"的记载。《本草纲目》则对珊瑚的药用做了更加具体的阐述："去目中翳，消宿血。为末吹鼻，止鼻衄。明目镇心，止惊痫。点眼，去飞丝。"据调查，目前共有十味珊瑚药物，包括石帆、珊瑚、海柳、海铁树、青琅玕、海白石、美丽鹿角珊瑚、丛生盔型珊瑚等，主要有清热、解毒、化痰散结、止血、安神镇惊等功效。

下面我们用一张表来直观地介绍以下几种珊瑚药物的药性、功能、主要治疗的病症、它们具体归属的珊瑚物种以及分布区域。

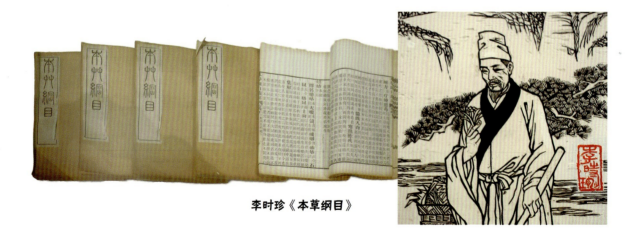

李时珍《本草纲目》

药物	药性	功能与主治	用法用量	药用物种	分布区域
青琅玕	味辛，性平	有行淤、解毒、祛风止痒之效。主要用于治疗白秃，痈疡，皮肤瘙痒，产后瘀血内停，石淋等病症	若内服。可取0.3~0.6克研磨成粉；或者取15~30克煎汤。若外用，则取适量，研磨成粉调涂	佳丽鹿角珊瑚 鹿角珊瑚	台湾、南沙、西沙、海南、广西 西沙、南沙、东沙、台湾、海南
海白石	味甘，性平	有清热解毒，化痰散结之效。主要用于治疗痢疾，瘰疬、气管炎等病症	若内服，可取15~30克煎汤。若外用，取适量，研磨成粉调涂	粗糙盔型珊瑚	在我国多分布于东沙、南沙、西沙、海南、台湾、广西
石帆	味甘、咸	有活血，通淋之效。主要用于治疗闭经，石淋等病症	若内服，可取10~15克煎汤	网状软柳珊瑚	在我国多分布于海南和广东两地
珊瑚	味甘，性平	清热解毒，去翳明目，安神镇惊，敛疮止血之效。主要用于治疗目生翳障，肺郁热吐衄，惊风，癫痫，惊痫，脑病，中风，肝病，中毒，毒热，烧烫伤等病症	若内服可取0.3~0.6克研磨成粉入丸、散。若外用，可研成细末点眼、吹鼻或者调敷	红珊瑚 日本红珊瑚 瘦长红珊瑚 巧红珊瑚	台湾、南沙 台湾、南沙 台湾、南沙 台湾、南沙
海底柏	味甘、咸，性凉	和胃止泻，止咳止血，安神镇惊之效。主要用于治疗呕吐，腹泻，咯血，怔忡烦乱，心神不安，小儿惊风等病症	可取10~15克煎服或取5~10克研磨成粉服用	赭色海底柏 鳞海底柏 小扇海底柏	海南 海南 海南

通过上面的介绍，我们不难发现，珊瑚的药用种类繁多，治疗的病症范围也十分广泛。不仅在古代，随着时代的变迁、科技的进步，人们从未停止对珊瑚药用价值的探索和创新。在今天，珊瑚礁生态系统中的软珊瑚、柳珊瑚、海绵、海鞘等都作为新兴药物的原料而备受世人追捧。

如今，研究人员从珊瑚礁海洋低等无脊椎动物中发现了许多结构新颖并有强生物活性的化

软珊瑚

合物。其中，作为珊瑚家族主要成员的软珊瑚和柳珊瑚，每年为药物科学研究提供的新活性化合物数量众多，不一而足。这些化学物质是很多高科技药品的重要原料。

此外，许多海藻、海绵、海葵、珊瑚、软体动物等体内不乏具有高效抗菌、抗癌能力的化学物质，其药物开发潜力相当广阔。20世纪40年代开始，科学家就致力于从这些富含化学物质的海洋生物中提取制药原料，但是由于当时的科技水平并不发达，所以物质分离方法和具体物质的鉴定区分技术都受到客观条件的限制。珊瑚礁生物还是海洋药物的重要原材料。

珊瑚钙片

据分析，珊瑚的无机成分主要是碳酸钙，其含量高于 90%。此外，还有少量的氧化镁、氧化铁、氧化钾、氧化锰及微量的钡、镱、铋、锶等稀有元素。珊瑚礁极高的含钙量让苦苦寻找人工骨骼材料的科学家们眼前一亮，珊瑚作为复合人工骨骼在医学上大显身手。

正是由于珊瑚的钙含量很高，即使在生活中难以接触到珊瑚接骨的具体设备，我们也应该对珊瑚钙片有所了解，从珊瑚中提取出的珊瑚钙对于人体的骨质疏松等疾病有预防作用，对于骨关节的保护有不容忽视的作用。

随着时代的发展，我国不断提升海洋生物研究的科技水平，在 1969 年，科学家首次从柳珊瑚中发现了前列腺素类似物，引起了人们对海洋生物活性物质研究的极大兴趣。前列腺素是一种十分珍贵的物质，它不仅可用于治疗溃疡病、高血压、冠合病和动脉硬化，还可用于治疗病毒所致的一些其他病症。

此后，伴随着对软珊瑚和柳珊瑚天然产物化学研究的深入，类似前列腺素的重要化合物渐渐为人所发掘，它们为药物的筛选和合成贡献了丰富的新型模板。珊瑚的次级代谢产物结构多样，分子骨架独特，药理活性显著，这些特性预示了其在药用方面具有广阔的潜在价值。

总而言之，珊瑚礁保护区可称得上是一座潜在的药物资源宝库，其价值难以估量。但同时它也是脆弱的。为避免珊瑚礁资源被进一步破坏，我们应该在维持现存珊瑚礁资源的基础上，开展天然产物化学研究和药用生物资源学的研究，选用高活性的次级代谢产物作为人工合成新药的原材料，避免直接利用野生珊瑚资源，以此达到保护性开发利用的长远目标。

珊瑚人工骨

  人工骨类型多样，有天然的、合成的、无机的、有机的，甚至还有复合的。医院的骨科通常以自体骨作为移植物。顾名思义，自体骨就是自己体内的骨骼，一般取自骨盆。虽然自体骨移植技术已经相当成熟可靠，也不会产生排斥反应，但拆东墙补西墙的做法，不仅会给病人带来本可避免的折磨，而且有一定的风险。而其他材料，如异体骨、异种骨、有机物、无机物、有机和无机复合物等作为人体骨头的替代物不是很理想，医学家希望能找到一种孔隙大小合适、成分类似人骨的人工骨材料。

  珊瑚骨的主要成分为碳酸钙，碳酸钙成分占了90%以上，以霰石的形式存在。该材料为多孔状结构，孔径微小、孔分布均匀且相互连通。珊瑚骨与自然骨在成分和结构上极为相似，这不仅有利于血管纤维组织的生长，也在新生骨的长入过程中了起到了良好的支架作用。

霰石

珊瑚礁由于含钙量与人体骨骼高度相近，其硬度很大，且能忍受高温和 X 射线消毒。用珊瑚接骨的巩固期往往比常规植骨时间来得短，仅需要两周时间就能实现钙化。经临床试验，人的骨骼能够与珊瑚无缝愈合，也不会激发体内的免疫反应或炎症，安全性得以保证。目前，珊瑚骨骼在医学上可用于骨骼移植、牙齿和面部改造等。

矿产价值

秀美的珊瑚礁富有生物资源、药用资源，但它的价值不限于此，其中还蕴藏着丰富的矿产资源。珊瑚礁上的礁灰岩属于多孔隙岩类，渗透性良好，有丰富的有机质，也因此成了良好的生产和储

礁灰岩

存油气的保护层，珊瑚礁及其潟湖沉积层中，还蕴藏着丰富的矿产资源，如煤炭、铝矿、锰矿、磷矿等，礁体上的粗碎屑岩中还发现有铜、铅、锌等多金属的矿床。

珊瑚礁开采——民国轶事

西沙群岛是我国南海四大群岛之一，它的珊瑚礁资源丰富，矿藏储备量也很惊人。接下来要介绍的是一种令人意想不到的矿产资源——鸟粪。鸟粪其实富含磷矿。为更好地开发磷矿，1947年，民国政府资源委员会矿产测勘处就对西沙群岛做了广泛的矿区调查，在调查的过程中，还有一些趣事发生。

"窃查我国南部东西沙及团沙群岛一带生产鸟粪甚多，其所含化学成分以磷钾二项为主，对于植物生长至为适用，原属于天然肥料之一，请测勘处派人员前往勘查。"这是1947年即民国三十六年资源委员会发给矿产测勘处的文件。调查人员乘船前往后，发现以永兴岛为例，整个岛目之所及皆是鸟粪，"鸟粪之底部全为凸凹不平之珊瑚礁，而凹处部分，如掘去鸟粪，其下即为珊瑚砂所填充"。据调查人员分析，该岛原有鸟粪储量约为24万吨。同时，勘探人员对鸟粪分层、成分、总量开采历史及岛上人类活动均做了调查分析，并对该岛在南海中重要的地理位置做出强调，指出其重要的经济价值。

勘探结束后，资源委员会与上海的中元企业有限公司签订开采合约，拟将所采磷矿交于资源委员会直属的我国台湾肥料公司使用。同时，又在西沙群岛设定国营矿权二处。1949年，资源委员会与国防部共同召开了关于国防建设与采矿互助办法的会议，会上共拟定五项办法，共同开发建设西沙群岛。本该是寻常肥料的鸟粪，却由于珊瑚礁为其提供的得天独厚的地理环境而不断累积，最终成为极富经济价值的宝藏。

珊瑚礁——石油储油岩

● 海底石油和天然气的形成

大家都知道石油和天然气这对"孪生兄弟"是重要的矿产资源，但它们是如何生成和聚集的呢？

在数千万年甚至上亿年前，那时地球的气候远比当下来得温暖湿润，海水中的

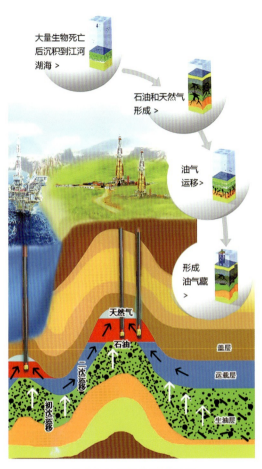

石油和天然气的形成过程

大量生物死亡后沉积到江河湖海 >

石油和天然气形成 >

油气运移 >

形成油气藏 >

天然气

石油

盖层

运载层

二次运移

初次运移

生油层

碳，而这些有机碳正是海底石油和天然气的"原料"。

然而，单有生物遗体是远远不够的，石油和天然气的形成还需要温度、压力、时间和媒介质的作用。大量的生物遗体年复一年地堆积，如果该地区不断地下沉，那么掩埋的生物遗体和堆积的沉积物便越来越厚。慢慢地，被埋藏的生物遗体就彻底隔绝了空气。这样，在缺氧、来自岩层的压力、温度和细菌的共同作用下，生物遗体开始逐步分解。经过一段漫长的地质时期之后，这些生物遗体就转化为石油和天然气。

● 油气资源丰富的珊瑚礁

生成的油气需要一个合适的储存空间和防止油气逸散的盖层。储油岩，也就是储集油气的岩石，就能满足以上需求。而岩石要成为石油和天然气的良好储油岩，首先应具有高渗透性和孔隙性。科学家指出，良好的储油岩应具有 15% 以上的孔隙率和 10 毫达西以上的渗透率；此外，这种岩石必须达到一定的层厚。珊瑚礁，正是一种良好的石油储油岩。

光照充足，加之海水营养丰富，许多海洋生物（如鱼类、浮游生物及底栖生物）大量繁殖。据计算，全球海洋水深 100 米处的水层中所含的浮游生物的遗体残骸在短短在一年内便可形成高达 600 亿吨的有机

"海洋石油981"钻井平台

远古时期的珊瑚礁被发现于许多地区和层位中，而这些珊瑚礁常常成为良好的石油储油岩，储存大量油气。例如，加拿大西部阿尔伯塔省的泥盆系中有三条连续分布的珊瑚礁地带，它们都组成了巨大油田的储油岩。而现存珊瑚礁海区的油气资源量也不容小觑。

在世界范围内，生物礁的油气资源极为丰富已是不容置疑。凭借着良好的储集性能，生物礁在碳酸盐油气田中举足轻重，其蕴藏的石油天然气资源举世瞩目。珊瑚礁区域内的油气储量大、产量高且勘探成本较低，这些特点更是让珊瑚礁备受关注。当珊瑚礁块中聚集了相当规模的石油，礁顶上又有不易渗透的岩层将石油严严实实盖住时，这便形成了具有工业开采价值的油田。目前，世界上有许多碳酸盐岩油田的高产油井——又被称为万吨井（单井日产油1万吨以上）位于礁块油田之上。世界十大生物礁油田就可供应16亿吨左右的可开采储量。

我国南海的珊瑚礁海域也因为有着丰富的油气资源而受到广泛关注，南海生物礁油气藏储的勘探前景相当广阔。据统计，在南海发现的生物礁油气盆地有北部陆架—陆坡区的珠江口盆地、南海西部陆架的万安盆地、南部陆架—陆坡区的曾母盆地、东部陆架区的巴拉望盆地和文莱—沙巴盆地等。西沙海域中国"海洋石油981"钻井平台也已开始工作，按全国第二轮资源评价结果，整个南海的石油地质储量为230亿~300亿吨。

礁块油气藏又称生物礁油气藏，它是指由珊瑚、层孔虫、藻类、古杯类等在不断堆积的基础上形成的碳酸盐类岩石建造。礁块油气藏因为其良好的储集性能在碳酸盐岩油气田中占有重要的地位。

生物礁圈闭是指在生物礁的组合结构中具有良好的孔隙，具有渗透性的储备收集油气的岩体被周围非渗透性的岩层和水体联合封闭而形成的圈闭。生物礁中本来就有珊瑚的原生骨架孔隙以及一些颗粒间的孔隙不断发育，由于礁体生长过程中多次露出水面，在风化、侵蚀、溶蚀等地质作用下，次生孔隙也不断发育，再加上构造运动造成的各种裂缝，形成了储集空间发育较完整、渗透性佳的生物礁储集体，如果其上再覆盖有非渗透性岩石，那么它就成了聚集油气的绝佳之地，它也因此得到了"礁块油气藏"的名字。

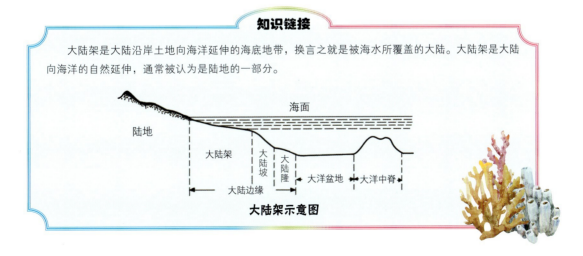

知识链接

大陆架是大陆沿岸土地向海洋延伸的海底地带，换言之就是被海水所覆盖的大陆。大陆架是大陆向海洋的自然延伸，通常被认为是陆地的一部分。

大陆架示意图

珊瑚灰岩

通过以上介绍，大家不难发现，我国生物礁油气资源丰富，勘探前景十分光明。重视礁型油气田的勘探和研究，不仅可以为我们开发能源提供一条新的路径，而且对于缓解我国油气资源的供给与需求之间的矛盾有着重大意义。从长远来看，对于促进我们国家经济的可持续发展将发挥重要作用。

工业价值

前面我们介绍了珊瑚礁作为一种良好的石油储油岩，蕴含丰富的石油和天然气资源，而珊瑚礁所具备的这些特质也使得它在工业领域可以大有作为。除了作为储油岩，珊瑚礁也可作为储水层，具有工业利用价值，同时珊瑚灰岩作为良好的原料，可用于建筑材料的制作之中。

珊瑚礁表面多孔隙且密度相对于普通的混凝土骨料较小，凭借着这样优异的物理力学特性而被专业人士归为天然轻骨料。

珊瑚的主要化学成分为碳酸钙，其密度和硬度适中，稳定性较好。通过化学分

析及光谱分析，我们发现珊瑚礁珊瑚灰岩的化学成分中，碳酸钙的含量高于 90%，其他少量成分主要包括氧化镁、氧化钾、氧化铁、氧化锰、氧化钛及微量的铜、锌、锡。从强度上来看，珊瑚礁、珊瑚砂非常满足作为混凝土骨料的要求。

我国南海各群岛岛礁众多，然而在海岛开发过程中一个较为突出的问题是河沙、碎石、淡水等常规建筑材料匮乏。

海岛上丰富的珊瑚礁碎屑为岛礁工程建设提供了新型的建筑材料——珊瑚混凝土。人们将疏浚航道和港池时挖出的或被海浪等冲刷而成的珊瑚砂和珊瑚礁来代替

珊瑚混凝土

坚固的珊瑚墙

原先混凝土中的河沙、碎石，并用海水搅拌配制成珊瑚混凝土。对此，国外也有相关研究。美国在绕太平洋的广大地区设有很多军事设施。而在建造这些军事设施时，出于对成本及工程实际建设的考虑，美国的工程师对珊瑚礁用作混凝土的骨料进行了一定的研究，并出版了 *Unified Facilities Criteria-Tropical Engineering*，明确提到如果缺乏常规骨料，可以使用珊瑚礁骨料。可以说，对于以珊瑚礁为原材料制作混凝土的构想已经付诸实践，并且得到世界范围内的广泛认可。

珊瑚碎屑与石骨料、普通砂相比，密度更小，表面孔洞更多，吸水性更强。在工程上有很大应用前景。如在海岛上，利用珊瑚礁制成的珊瑚砂可经过搅拌来制作水稳层。所谓水稳层，就是水泥稳定碎石层的简称，建筑人员可用珊瑚砂替代普通的水泥来实现稳固碎石层的功能，并能通过压实地面来实现对保护层的具体养护。

珊瑚石屋

徐闻珊瑚石屋

　　徐闻珊瑚石屋古村落是已发现的世界上现存规模最大、保存最完整的珊瑚石屋建筑群。古时候的徐闻地区就拥有狭长的海岸线，沿岸海域的珊瑚十分旺盛，蔓延千里。徐闻当地人便就地取材，利用珊瑚建造房屋，这一历史已相当久远。如今，这已经形成了极具地域特色的传统风尚。

　　文物考古过程中，我们发现：在徐闻地区，有相当多的始建于西汉或更早时期的墓葬中已有珊瑚石室墓的出现，即把珊瑚石削成方块构砌成墓室。在个别墓室中还可以发现大量的随葬珊瑚石，这种珊瑚石就是徐闻人所说的"狗骨沙石"，古往今来的徐闻人都用这种珊瑚石来烧石灰和建房子。居住在海边的村民因地制宜，就地取材，用珊瑚石建造居住的房屋。在前些年，徐闻西南沿海的居住房屋还有一半以上是珊瑚

石屋，甚至家庭日常用的桌、凳、灶、钵、槽等，有很多是用珊瑚石凿刻而成的。

徐闻的珊瑚石屋高低起伏、错落有致；茅草盖顶，风雨难透，且冬暖夏凉，透气吸潮。

珊瑚建筑是徐闻沿海一带渔村的一大特色，大概有三种类型的建筑。一种是早期用来围院子的珊瑚墙，是直接由珊瑚石之类垒砌而成；另一种则是将打凿切削规整的珊瑚石与玄武岩结合垒砌而成的房屋居舍；还有一种是新型的坚固型珊瑚石屋，需要把打凿方正的玄武岩、水泥预制的构件与珊瑚石三者结合垒砌。据了解，为了节省大型珊瑚石，村民们只在房屋的基座和墙裙部分使用大型珊瑚石，房屋的上部则采用细长条形的珊瑚石。这样极大地减轻了房屋上部构件的重量，也能节省稀少的大型珊瑚石，还能改善房屋的透气性。

珊瑚石是一类天然石材，其性能与一般石材有许多共同点，当然也有不同于陆地天然石材的特性。珊瑚石源于海洋，因而它更能忍受咸涩海风的侵蚀。同时，它又有着石灰石的特点，风吹雨淋之后待晒干之时你就会发现它们自然地交接黏合在一起，加之其质量轻压力不大，所以珊瑚石砌筑的建筑都坚固耐用。在现存的珊瑚石乡土建筑中，最老的已有上百年历史。珊瑚石孔隙多，透气性好，因而珊瑚石屋冬暖夏凉，舒适宜人。

珊瑚石经高温煅烧，出窑后遇冷。曼妙多姿的珊瑚在生命终结后，仍为人们留下绝妙的风情风物。古老珊瑚石屋，就是岁月沉淀的宝贵遗产，一座座珊瑚石建筑记载了滨海渔人使用珊瑚的历史。

旅游价值

说起热带海域，阳光、海水、沙滩汇成美丽的画卷在眼前徐徐展开，而神秘的珊瑚礁更是令人心驰神往。因此，珊瑚礁和沙滩是热带、亚热带旅游业的重要资源。它集海洋风光、海底风景、珊瑚礁群落、生态系统于一身，可以开展潜水、滨海生态旅游、人文景观游览等旅游活动。

珊瑚礁景区

度假胜地

　　随着全球化的日益推进，人们对于生活质量的要求日益提升，旅游业也随之成为世界上最大的产业之一。据统计，每年全球有十几亿人出国旅游，众多国家和特色城市为了吸引外地游客和本国居民的游玩争相推出新鲜的旅游产品。正当许多城市绞尽脑汁地试图寻求自己的旅游亮点时，珊瑚礁旅游一跃成为最受欢迎的旅游项目之一。珊瑚礁的美丽景色是一类潜力巨大的观光资源，每年吸引大量的游客来此潜水，在海底欣赏美丽的珊瑚王国。据报道，珊瑚礁每年为人类提供的服务收益约为 3750 亿美元。

驾驶快艇游玩

　　全球约 1/2 的海岸线都位于热带地区，而这些海岸线中约有 1/3 分布了珊瑚礁。许多热带珊瑚礁区的国家和地区，如马尔代夫、斐济、毛里求斯等都依赖珊瑚礁生态景观，广泛地开展珊瑚礁旅游业。依托珊瑚生态景观资源发展的水下旅游观光项目主要有潜水游览、海底观光和水下摄影等。

　　所谓的海底观光，就是借助潜水器或小潜艇在海中观赏海底景观的活动。通过这种方式，你可以近距离观察神秘多样的海洋生物，看着记忆里色泽艳丽的海洋生物生动灵活地穿梭在自己周围，对于观赏者来说，不仅是视觉享受，更会带来精神的愉悦。马尔代夫的珊瑚礁旅游业不仅关注海底观光的巨大市场，而且还创造性地将餐饮和娱乐元素融合其间，于是，就有了世界上第一个大型的水下餐厅。人们在这里可以欣赏灵动的海底生物，目之所见皆是唯美的珊瑚礁群，此时品尝着丰盛的海鲜大餐，该是多么美妙的享受啊！

珊瑚礁潛水

提到海洋旅游业，自然少不了潜水，珊瑚礁区域内的潜水活动格外多元，因为珊瑚礁区域本身就是潜水游览的天堂。浮潜、水肺潜水和特定水域潜水都是潜水的样式，比起海底观光，当珊瑚礁缝隙里斑斓的鱼儿从你的指缝间游过，当阳光照射下的珊瑚礁与潋滟的水波反射出的绝美画面真切地展现在你的眼前时，你自然明白，珊瑚礁和潜水，当真是绝配啊！

看到大海的人都会有着一种壮阔的感觉，能够近距离接触海洋，观赏海洋生物，在水下潜游嬉戏，怎能不用相机记录下这宝贵的一刻呢。更何况，珊瑚礁景区因为独特的地形地貌和绝美的珊瑚景致，更引得游人对于摄影这种将瞬间变成永恒的魔法期待不已。于是，水下摄影作为一种重要的旅游项目，在珊瑚礁景区得到了充分的发展。

介绍了这么多有趣的活动，但是都集中于对水下世界的探寻，其实珊瑚礁景区的旅游项目还包括很多岸上活动，比如沙滩嬉戏、快艇驾驶、珊瑚礁区内的钓鱼和冲浪、喷气式滑水。

　　在许多国家，珊瑚礁是旅游业的摇钱树。据统计，全球海岛旅游年收入为 2 500 亿美元，是全球最大的产业之一。珊瑚礁区每年所带来的观光产值就令人瞠目结舌：加勒比海地区高达 89 亿美元，美国的佛罗里达州有 16 亿美元，澳大利亚大堡礁约 10 亿美元。而珊瑚观光区收入在国民生产总额中的比例，也十分可观。在塞舌尔群岛和毛里求斯，唯一的外汇收入都来自旅游业。而在加勒比，岛上一年能创收的旅游年收入高达 70 亿美元。每年去多米尼加观光旅游的人次多达 1 亿次，其旅游收入在国民生产总值占比为 40%~60%。在土耳其，旅游收入在国民生产总值中高达 60%。马尔代夫珊瑚礁区观光收入约占国民生产总值 45%。珊瑚礁旅游业已经创造了巨大的财富，且正在迅猛发展。

知识链接

珊瑚花环（马尔代夫）

　　马尔代夫是一个由许多大大小小的珊瑚礁构成的岛国，素有"印度洋上人间最后的乐园"之称。马尔代夫地处印度半岛南端，陆地总面积达 298 平方千米。马尔代夫的 2000 多个岛屿星星点点连缀在蔚蓝的印度洋上，像一串串蓝绿镶嵌的宝石，十分美丽，马尔代夫也因而赢得了印度洋上的"花环之国"的美誉。马尔代夫周围的水域有 700 多种鱼，其中珊瑚鱼居多，鱼儿多姿多彩，常引得潜水爱好者流连忘返。

大堡礁

最大的珊瑚礁群——大堡礁

位于澳大利亚的闻名遐迩的大堡礁可以说是大自然最具代表性的作品之一。它蜿蜒于澳大利亚东北部的海域，一系列珊瑚礁共同造就了这个美丽的奇迹。大堡礁素有"世界上最大的活珊瑚礁群"的美誉，其中有的珊瑚群已有1 800万年之久。作为世界七大自然景观之一，大堡礁是唯一一个可以在月球上看到的活生物结构，是宇航员眼中的"蓝色的大海中细细的白线"。

从空中鸟瞰，大堡礁就像一串串闪着靛蓝色、蔚蓝色、天蓝色和乳白色等各色光芒的宝珠。

同时，大堡礁还是地球上最大、最复杂以及生物多样性最高的珊瑚礁生态系统，大约有1 500种鱼类，4 000种软体

航拍大堡礁

管虫　海胆

海蜇

海葵

天使鱼

绿毛龟

蝴蝶鱼

38

鹦嘴鱼

动物，240 种鸟生活于此。其中有 400 多种珊瑚和种类众多的稀有与濒危物种，包括晶莹剔透的海蜇、家族庞大的管虫、伸缩自如的海绵、"装备精良"的海胆、婀娜多姿的海葵、海里的"赛跑冠军"海龟（其中绿毛龟最为珍贵），以及天使鱼、蝴蝶鱼、鹦嘴鱼等色彩鲜艳、形态优美的热带观赏鱼。

风平浪静时，游船在海面上航行，成群结队的鱼在水中畅游，各种各样色彩鲜艳的生物同珊瑚礁的色彩相映衬，宛如一个光怪陆离的童话世界。如今，旅游观光俨然成为大堡礁最主要的商业活动，每年约有 160 万游客到此一游。为了保护大堡礁独特而稀有的生态价值，1975 年澳大利亚政府宣布成立大堡礁海洋公园。1981 年，大堡礁作为自然遗传被联合国教科文组织收录至《世界遗产名录》。

1989 年 8 月，国际保护、教育、考古、潜水、博物组织将大堡礁及其珊瑚海评为世界水域的七大奇观之一。

我国珊瑚礁旅游业

我国珊瑚礁发育有礁丘、台礁、大陆架岸礁和深海环礁等类型，主要分布在台湾岛、海南岛及南海诸岛等地。近年来，海南岛的旅游业正迅猛发展。

海南热带海洋资源非我国其他省份可比。它的海岸线漫长，港湾众多。在长达 1 800 千米的海岸上，砂岸占 50%~60%，沙滩宽数百米至 1 000 米不等。多数海滩沙白如雪，清洁柔软；岸边绿树成荫，空气清新。而在这漫长的海岸线中，有珊瑚礁的岸线约 200 千米长，占总岸线长的 13%。东部的琼海、文昌、万宁、陵水，西部的东方、临高、昌江、儋州、澄迈及南部的三亚均可发现珊瑚礁和活珊瑚。各色珊瑚姿态万千，休闲潜水观赏珊瑚礁与

极品神仙鱼已经成了海南岛的特色

珊瑚美景

热带鱼为特色的珊瑚礁旅游活动正在兴起。目前我国最大的休闲潜水观赏珊瑚礁与热带鱼的基地在海南。海南附近海域出产的一些神仙鱼称得上是观赏鱼中的极品，在国际市场上价格也是居高不下。

三亚海滩

近年来，珊瑚礁海区旅游业迅猛发展，海南三亚也成为很多人向往的度假胜地。三亚非常适合开展冬泳活动，隆冬时令，这里海水温度也有24℃左右，适宜人们畅游。海水透明度一般 20~30 米，水清沙白；珊瑚种类多，姿态万千，色彩斑斓，其间往来栖息着虾、蟹、鱼、藻等多姿多彩的海洋生物，构成了美丽奇特的海底世界。与我国其他海区相比，这里的潜海观光视野最广阔，海底最壮丽。

美丽的珊瑚礁虽姿态万千、令人神往，但它也十分脆弱，潜水服务船只无序靠近珊瑚群，会造成珊瑚礁的损毁。此外，缺乏经验的潜水员一定要避免不小心的触碰，否则会对珊瑚礁造成难以弥补的伤害。珊瑚礁需要我们一起小心呵护，即使是在游览过程中也一定要当心，不要伤害它们。

国土价值

守护海岸生态安全

看似脆弱需要保护的珊瑚礁其实蕴含着不容小觑的力量，因为它可以保护脆弱的海岸免受海浪的侵蚀。健康的珊瑚礁如同自然的防波堤，当海浪冲击时可吸收或减弱 70%~90% 的冲击力。而珊瑚礁本身也具有自我修复能力。珊瑚死掉之后会被海浪逐渐分解成细砂，这些细砂丰富了海滩，也取代了被海潮冲走的砂粒。

珊瑚礁在维护海岸生态安全中至关重要，它可以有效地缓冲风暴对沿岸城市及居住地的破坏。有的岸礁礁坪宽达 800~1 000 米，更有甚者达 2 000 米，是波浪的有效消能带、"缓冲器"。据英国《卫报》报道，2004 年的印度洋海啸夺去了成千上万斯里兰卡人的性命，造成巨大损失。而酿成这一悲剧的原因之一是本可以在一定程度上抵挡狂暴海浪侵袭的珊瑚礁被大量盗走，于是海浪肆无忌惮地洗刷沿海地区。高达 10 米的滔天巨浪在斯里兰卡西南部的佩拉利亚镇登陆，它在陆地上"横冲直撞"，将一列满载乘客的火车冲出铁轨，造成超过 1 400 人死亡。之后，科学家们发现，该海区珊瑚礁已难觅踪影。而在一个叫希

起到防护作用的珊瑚礁海岸线

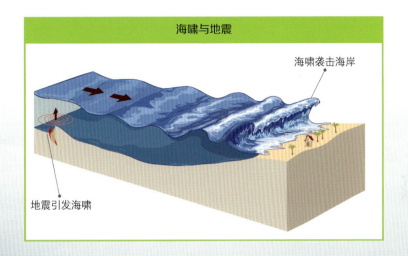

海啸与地震

海啸袭击海岸

地震引发海啸

卡杜瓦的地方，由于当地的珊瑚礁被悉心呵护，海浪抵达陆地时仅 3 米高，且只向前推进了 50 米，未造成人员死亡。佩拉利亚镇和希卡杜瓦两地同样经历海啸，但结果却截然不同。这与海岸的具体形状关系不大，却与珊瑚礁的保存状况休戚相关。

"一个岛礁没有珊瑚礁，就像一个山头没有树林，对岛礁的稳定性有影响，容易受到侵蚀，易受大的风暴潮、台风的影响。"中国科学院南海海洋研究所珊瑚生物学与珊瑚礁生态学科组组长黄晖这样形容珊瑚礁的生态价值。

美国佛罗里达州沿海常常受到暴风雨侵袭，进而产生巨大的海浪。珊瑚礁则能有效地削弱海浪的冲击力。在太平洋里，有许多高出海面数十厘米的岛屿，由于有周围的珊瑚礁的保护才得以免受海浪的冲击，不至于变小。珊瑚礁也有益于人类。有数亿人生活在珊瑚礁附近，数十万人从珊瑚礁资源中获取生活所需。礁石庇护着海岸，保护着可能在周围发展起来的易受到风暴和海啸袭击的群落。一些在环礁状群岛或低岛上建成的岛国只因有珊瑚才得以存在，如马尔代夫和基里巴斯。

珊瑚礁的生物多样性是宝贵的财富，但它当前的状况却岌岌可危。虽然这个复杂且脆弱的生态系统已在地球上的各个地区维系了数亿年，但目前却受到前所未有的冲击。全球的珊瑚约有1/3已被破坏殆尽，而据估计，另有1/3将会在不远的将来不复存在。美国国家海洋与大气总署预测，全世界70%的珊瑚将在40年内死亡。可以说，珊瑚礁的前景不容乐观，我们必须加强对珊瑚礁的维护。

我国重要的海洋领土

珊瑚礁也是重要的领土资源，世界上共有420个环礁，其中大部分位于太平洋且大多数有人居住。我国南海诸岛珊瑚礁也具有重要的国土资源价值。

大家都知道中国的陆地面积为960万平方千米，但是否知道我国的海洋国土面积究竟为多少呢？我国海洋国土面积约为300万平方千米，约占陆地面积的1/3。大陆海岸线长18 000多千米。其濒临的边缘海，由北至南依次为渤海、黄海、东海、南海。自古以来，我们的祖先就已经在南海从事渔业活动。南海有东沙群岛、西沙群岛、中沙群岛和南沙群岛四个群岛。南海诸岛分布着各种各样的珊瑚礁地貌，特别是沙洲和岛屿，不仅是我国远洋渔业活动及其他海事活动的重要基地，更是我国海洋国土中尤为重要的标志。自1996年我国正式批准《联合国国际海洋法公约》后，南海诸岛成为划分国家管辖海域的重要依据。

公约的主要内容是：确定每个国家领海的宽度为从基线量起不超过12海里，毗连区为从基线量起不超过24海里。每个国家有权在领海以外拥有

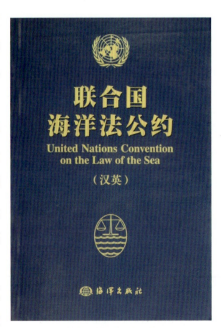

《联合国海洋法公约》

从基线量起不超过 200 海里的专属经济区；沿海国的大陆架，包括其领海以外依其陆地领土的全部自然延伸，直至大陆架的外缘，最远可延伸至 350 海里，如不到 200 海里，则可扩展至 200 海里；群岛国的主权及于群岛基线所包围的水域，即群岛水域，外国船舶和飞机在群岛水域享有无害通过权等。

在热带海域中有陆岛和礁岛两类岛屿。陆岛又称高岛，是由第四纪或前第四纪的火成岩或沉积岩等出露于海平面以上的部分形成的岛屿。造礁生物附着在岛屿上生长，可围绕着它们形成堡礁或者岸礁，如台湾岛、湄洲岛等。礁岛即珊瑚礁岛，又称低岛，是珊瑚礁发育到一定的成熟阶段时由礁源碎屑物质集聚、堆积而成的碳酸盐岛屿，包括灰沙洲、灰沙岛和灰砾岛等，如永兴岛。

南海众多珊瑚礁岛屿之所以具有重要的国土资源价值，除了它们本身具有的价值外，还在于它们可用来划分海洋权益。《联合国海洋法公约》第 121 条"岛屿制度"的

礁岛的典型代表：永兴岛

第 2 款规定，岛屿同其他陆地领土一样，可拥有领海、毗连区、专属经济区和大陆架；

第 3 款又规定："不能维持人类居住或其本身的经济生活的岩礁，不应有专属经济区或大陆架。"

随着海洋技术的发展和海洋资源的不断开发利用，很多国家都将视野放到了海洋开发上。而资源丰富的南海也因此成为很多国家争抢的目标，南海争端也从未停歇。南海珊瑚礁作为重要的资源划分标准，也具有重要的国土资源价值，值得我们重视和关注。

（二）文化价值

美学价值

珊瑚礁有着很高的美学价值。珍贵而不朽的它自古以来就被视为尊贵和唯美的象征。它既可以成为美轮美奂的饰品摇曳地装点古时的大家闺秀，也可以端庄地陈设于庙堂馆肆，成为王侯贵族地位和权势的象征。文人墨客挥毫泼墨之时，它虽静坐其身侧，却时常不甘寂寞地纵身跃入书画家的纸上，从而在文学史和艺术史上留下不容忽视的一笔。此外，拥有浓厚的宗教色彩的珊瑚常常被雕刻家的巧手打造成寄托着信徒精神信仰的作品，在华美之余更添了一丝神秘。

当然，近代以来，人们对海洋环境和海洋资源日益重视，随之而来的"珊瑚热"也让越来越多的人有机会看到珊瑚之美。拥有高超摄影技术的摄影师运用"科技之眼"让人们能够领略珊瑚的自然之美，而拥有现代绘画技法的画家则锐意创新，将珊瑚与海洋生物创造性地结合在一起，在其灵感的画布添上别样的风情。下面，我们就一起了解一下珊瑚的美学价值吧。

美轮美奂的饰品

作为与珍珠、琥珀并列的三大有机宝石之一，珊瑚以其莹润的光泽和极富生命力的形态备受世人的喜爱。现在我们时常能见到做工精细、繁复华美的珊瑚饰品，它们不但被用来装点丽人绅士，更在视觉上给观者以美学享受。事实上，在我国古代，人们就对珊瑚情有独钟。虽然受制于当时的取材条件和制作手法，人们依然不减对珊瑚的青睐。

红珊瑚

47

官帽上的红珊瑚

红珊瑚朝珠

我们常常在一些清朝背景的影视剧中看到，里面的大臣在上朝时都会戴着帽子，这帽子乍一看一样，但细看之下就会发现不同，其实，区别就在帽饰上。清朝用以区别官员品级的帽饰名叫顶戴花翎，顶戴花翎虽为一体，却是由"顶戴"和"花翎"两个部分构成。顶戴是大臣们帽子上的帽顶，花翎则是由皇帝御赐的插在帽上的装饰品。其中，顶戴上的宝石以红宝石为大臣地位象征之最，往下依次为珊瑚、蓝宝石、青宝石、水晶、砗磲、素金、镂花阴文金顶、镂花阳文金顶。在官员被革职或降职时，即被革除或摘去所戴顶子，摘去花翎。其中我们会发现，清朝二品官员上朝觐见时所戴的帽子就是珊瑚顶戴，足见珊瑚的贵重和珍稀。

此外，大臣们上朝时所佩戴的朝珠也多以珊瑚为材质。珊瑚朝珠由 108 颗珊瑚珠串结而成，清代乾隆皇帝上朝时所戴的朝珠便是红珊瑚朝珠。皇太后和皇后在祭祖等重大场合必须要佩戴 3 串朝珠，其中也有珊瑚朝珠。可以说，此处的朝珠已经不仅仅是贵重的首饰，它更是等级秩序的标志和象征，甚至帮助统治者起到了巩固封建秩序的作用。

珊瑚佩

● **珊瑚佩**

　　提到饰品人们总是会不由自主地联想到女性，但事实上，爱美之心人皆有之，古时候的达官显贵，文人志士也需要符合身份的饰品来彰显其独特的地位和俊逸的身姿。珊瑚佩就是一个很好的选择。珊瑚佩是供人佩戴的饰品，有人将其悬在脖颈处，有人将其系在腰间，在古代，不论男女都可佩戴珊瑚佩，它可以说是古人重要的饰品，也是身份和地位的象征。珊瑚佩的主要材料是红珊瑚。很多精致的珊瑚佩十分讲究，比如图中的这块珊瑚佩，整体呈球形，上面镂刻了复杂的螭纹和祥云纹。佩戴螭纹的珊瑚佩主要用于辟邪，而祥云又是吉祥的寓意，人们希望有珊瑚佩傍身，永保平安。

● **扳指盒**

　　如同我们刚才提到的那样，古时的珊瑚饰品并不仅仅是女子的专属，除了我们上面介绍的珊瑚佩外，扳指盒也是一种重要的饰品。古时候的男子十分喜爱佩戴扳

53

指，认为这是尊贵和权力的象征，然而扳指多为玉质，虽然美丽，可是在日常生活中时常戴在拇指上还是有些不便，于是人们便设计出了扳指盒。为了方便携带，便于随时收纳扳指，轻巧美观成了扳指盒设计的第一要素，珊瑚也当仁不让地出现在其上，起到画龙点睛的装饰作用。比如图中这件精致的明黄色扳指盒，做工精细，饰纹繁复，左右皆以珊瑚珠作结，堪称点睛之缀。

● 璀璨夺目的异域之美

自近代以来，色泽各异的珊瑚在珠宝设计师的手中经历切割、抛光等现代技艺的"洗礼"，最终成为夺目的珠宝饰品。世人越来越多地注意到珊瑚饰品，并对其表现出近乎狂热的喜爱之情。其实，早在公元前，地中海沿岸的人们就意识到珊瑚的价值并将其制成各式各样的物品，这些珊瑚制品中有的还通过古丝绸之路传入中国。但是，由于古希腊神话和部分国家宗教信仰的原因，真正像中国这样将珊瑚视为具有极高美学价值的饰品的国家其实很少，也正是基于这些复杂的文化背景，对西方的珊瑚饰品进行单独的美学价值定义就尤为困难。因此，我们不妨将目光投向近代，深切地感受一下作为纯粹的艺术品的珊瑚饰品身上的异域风情。

美丽的波兰裔话剧演员加娜·瓦斯卡作为 20 世纪初极富影响力的潮流引导者，以其对珠宝的喜爱和要求的苛刻闻名于世。也正因此，当她 1928 年在卡地亚（世界臻品珠宝品牌）定制的喀迈拉手镯一经出世，就引得世人惊叹。该手镯外形精美，二龙戏珠的造型和繁复的花纹将中国与印度的文化元素完美融合。最为震撼的是二龙的龙首以质地绝佳的红珊瑚为原型，依形造型，辅之以雕花祖母绿宝石和精巧蓝宝石，精细之中透露出华美高贵。这款手镯表达了西方的设计师对中印文化的独特理解和创造性重塑，对于红珊瑚的创新运用也从侧面揭示出珊瑚的迷人魅力。2013 年在卡地亚公司举办的典藏环球之旅中，这个手镯重现于法国巴黎大皇宫，人们也得以在媒体的报道中见到这件华美饰品的真颜。

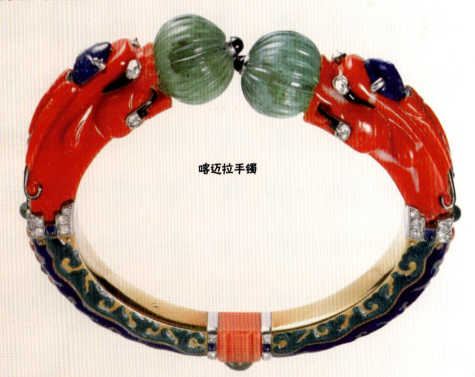

喀迈拉手镯

红珊瑚项链

　　年轻的不丹王后吉增·佩玛也十分喜爱红珊瑚首饰，她在自己的皇室婚礼上选择以红珊瑚项链搭配传统民族礼服，具有现代元素的红珊瑚项链与极富民族特色的传统服饰相映成趣，实现了美的奇妙融合，红珊瑚饰品也因此成为整个不丹最美的时尚风向标。

● **风靡当下的养生珠宝**

　　如今，红珊瑚的养生价值日益为人所重视，兼之以经过打磨后圆润可人的外形和难以获取的客观

珊瑚戒指

红珊瑚耳饰

条件，人们对于珊瑚饰品的喜爱和竞逐与日俱增。即使难以获得品质极佳的优质珊瑚饰物，人们也往往喜爱佩戴简洁大气的珊瑚项链和珊瑚戒指，没有繁多的装饰，但却在隐约间透露出雍容，映照得佩戴的人儿端庄高贵。

奢侈的陈设品

婉约高贵的珊瑚不但能在饰品上绽放出夺目的光彩，也可作为陈设品让人们欣赏观摩，从而给人们带来美的享受。

常言道，物以稀为贵。小块的珊瑚已经让人们珍稀不已，当我们面对难得一见的形体完整、线条生动、色泽纯正的珊瑚时，又该如何留存呢？自古以来，有幸寻得较为完整的珊瑚的达官显贵往往请来能工巧匠，细细加工，配上贝壳、海柳（黑珊瑚）和精致的底盘，制成盆景，保留它最原始的形态，让这个海中的仙子在陆地上也能展现出自

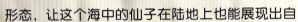

珊瑚盆景

57

红珊瑚陈设品

然灵动的美。清朝大臣和珅爱财如命，在他被革职后，从他家里查抄出的1米多高的珊瑚树就有10株，穷尽豪奢，不过如此，这也显示出珊瑚作为陈设品的奢侈地位。

在众多种类的珊瑚中，红珊瑚自古就被视为祥瑞幸福之物，代表高贵权势，所以又称为"瑞宝"，是幸福与永恒的象征。正是因为品相难得，寓意祥和，因此作为陈设品的红珊瑚尽管价值不菲，依然引得人们花重金竞逐珍藏。时至今日，我们仍能看到陈列于北京故宫博物院的明清时代皇宫里的巨大红珊瑚。从光绪皇帝的龙案到颐和园慈禧太后睡觉的床，都能看到这种红珊瑚的身影。

故宫珍宝馆里的红珊瑚狮子可以说是极富代表性的红珊瑚陈设品。红狮子威武而不失灵动，张牙舞爪极富气势，尾巴处没有改变原有的珊瑚形态，而是恰到好处地保留了张扬的枝丫，显得生机勃勃。工匠还保留了狮子身上的部分珊瑚枝杈，既起到了装饰作用，又增添了层次感，有着丰富的鉴赏趣味。

艺术灵感的源泉

我们常听到的一句话是：生活并不缺少美，缺少的是发现美的眼睛。在我们普通人看来都光彩溢目的珊瑚礁，在艺术家的眼中自然有着别样的风情。如今我们得以欣赏深海的珊瑚礁最原初的美态，都是摄影师的功劳。可是自古以来人们对于珊瑚礁的喜爱和极富创造力的表现早已印在一张张宣纸之上，历经岁月的洗礼，流传至今。时光交错变换，纵使如今我们身处科技发达的现代社会，许多艺术家依然选择坚持不懈的探索创新，他们有的力求着重于绘画技法的提升，有的聚焦于画作题材的拓展。但是，无论是古时的书法、诗文，还是当下的摄影、绘画、影视作品抑或悦耳动听的音乐旋律，都不可避免地从珊瑚礁之中获取了大量的灵感，我们常说这是自然的馈赠，但又何尝不是我们人类亲近自然的凭证呢？

● 定格的魔法

珊瑚礁首先是摄影师的宠儿。近年来，随着海洋环境保护问题的日益严峻，海洋主题的摄影比赛也是层出不穷，许多精美奇妙的摄影作品都是以珊瑚和珊瑚礁为主要素材的。拥有着"自然之眼"的摄影师运用"科技之眼"为我们捕捉了光影交错间珊瑚礁的瞬息之美。

下面来欣赏两幅关于珊瑚礁及礁区生物的摄影作品。一幅是在第四届"世界海洋日"摄影大赛上荣获"水上世界"组冠军的作品，图片中绚烂的晚霞在海天间相映生辉，一圈海边的浅礁成了海天相接的交界。远景宁静中有着壮阔高远的视野，近景色彩斑斓的珊瑚礁清晰灵动，远近既

第四届"世界海洋日"摄影大赛"水上世界"组冠军
摄影师：*Gabriel Barathieu*（**法国**）

是对比，更是融合。摄影师在落日的余晖中抓拍了荧光蓝与明黄色，这是自然的色泽，更是珊瑚的馈赠。

另一幅极富代表性的作品是 2017 年度《国家地理》自然摄影师大奖中的水下类一等奖获奖作品。照片拍摄于华盛顿胡德运河，摄影师抓拍了一只闪着荧光的千手佛珊瑚。它在水中随波摇曳，其触手里的荧光蛋白经闪光灯照射发出了绿光，此时的千手佛珊瑚如同一朵盛开的花。

2017 年度《国家地理》自然摄影师大奖水下类一等奖
摄影师： *Jim Obester*

● 时空的彩绘

如果说摄影师为珊瑚礁实现了从瞬间到永恒的再现美，那么画家笔下的珊瑚礁则

常常作为重要的创作对象出现。时空变换，不变的是画家对珊瑚的喜爱。宋代的刘松年就曾作《海珍图》，不仅具体描绘出珊瑚的形态，而且辅之以"珊瑚"的字样，文图相间，颇有点像我们今天的科普绘本。不过，《海珍图》的一个"珍"字，也能凸显出珊瑚的珍稀和世人对其的喜爱。这

宋·刘松年《海珍图》局部 台北故宫博物院藏

幅珍品现收藏于台北故宫博物院，如果大家有机会可以去一睹芳容。

收藏于中国历史博物馆的《千秋绝艳图》是明代的一幅著名的长卷仕女画，这幅6米多长的画卷中收录了近70位古代仕女，她们是自秦汉到明代的富有知名度与影响力的女性。广为人知的王昭君、杨玉环和李清照等人皆被绘制于其上。其中，西晋时怀抱珊瑚的美人碧珠颇为引人注目。说到碧珠和珊瑚，就不得不提一个著名的历史事件。

据《世说新语》记载，西晋时有个大富豪名叫石崇，他来到当时的大都市洛阳后，听闻此处有一个名为王恺的显贵，于是想与他比一比谁更阔气。在攀比的过程中，王恺仗着自己身为国戚，向当时的晋武帝寻求支持，于是晋武帝将宫里收藏的一株两尺多高的珊瑚树赐给王恺，好让王恺在众人面前夸耀一番。王恺迫不及待地设宴请众人观赏珊瑚，并借此机会奚落石崇。席间，受邀到场的石崇抓起案头的一柄铁如意，上前将珊瑚树打得粉碎，引得

明 《千秋绝艳图》局部 碧珠持瑚 中国历史博物馆藏

四座皆惊。谁知石崇"乃命左右悉取珊瑚树，有三尺四尺、条干绝世、光彩溢目者六七枚，如恺者甚众"。也就是说，他让手下的人把家中的珊瑚树都取来，其中有六七棵珊瑚树，每棵都有三四尺高，条干挺秀，光彩夺目，像王恺那样的就更多了。

这个历史事件也侧面表现了珊瑚的贵重与稀缺。碧珠作为石崇的宠姬，美貌和才情都极负盛名，她为报石崇的倾心之意而坠楼明志的壮举，也使得她留名于史册。脆弱高贵的珊瑚与痴情貌美的碧珠相辅相依，堪称"千秋绝艳"。

时光转换，如今也有很多的画家将笔触专注于勾勒珊瑚的流转之美。作为中国文人美术家协会理事的王树平先生在绘画的探索实践中，领悟了海洋所蕴含的文化内涵，从而想出了借助水墨形式来表现海洋珊瑚的独特景致这一创意。当有人问及王先生的创作意图时，他表示，对于绘画的喜爱，对于海洋的喜爱，对于珊瑚之美的喜爱，使得他坚持下来，一步步地探索实践，最终，将珊瑚的美以别样的方式留存于画布之上和我们的心间。

在当代欧美的主要画派中，著名画家丽萨·埃里克森的超现实主义绘画作品《鱼与珊瑚》也引人注目。该组画作将色彩艳丽的珊瑚与生机盎然的鱼儿创造性地融合在一起，生动自然，华美灵动，不仅实现了美感的升华，还表现了和谐融通的自然主题。

鱼与珊瑚

鱼与珊瑚

● 脱俗的镌刻

每一块璞玉都有知音来发掘，有巧匠来雕琢，珊瑚也不例外。不过，由于对软硬度的拿捏和对隐藏裂隙的走向预判都十分艰难，珊瑚雕刻可谓是难上加难。在我国台湾，珊瑚雕刻家黄忠山先生就是一位巧手慧心的大师。自小学习玉石雕刻的黄忠山为雕刻珊瑚的精湛技艺所折服，毅然转行学习珊瑚雕刻。珊瑚雕刻是立体的三度空间雕刻，不仅需要考虑珊瑚枝骨的原生形态，还要针对可能遇到的沉积的虫蛀而随时改变设计，更换造型。加之珊瑚的昂贵珍稀，使得珊瑚雕刻从构思到行动都需要雕刻家小心翼翼地斟酌思量。黄忠山在苦练技艺的同时，注意博采众长，关注学习日本等国家的珊瑚雕刻技艺，在努

珊瑚雕刻鼻烟壶

力实现外形上对珊瑚的细雕之余，在部分空间还坚持保留珊瑚的原生样貌，从而使雕刻作品展现出具象与抽象兼得的美感。他雕刻出的观音，形神兼备，素雅高洁，给人以清净自得之感。

● 朗朗的华章

正是由于珊瑚的美为人所共知，从古至今，人们都毫不吝惜用优美的辞藻来表达对珊瑚的喜爱和赞美。作为传统文学的经典载体，古诗最为我们所熟识。其实，无论唐宋还是明清，诗人们不约而同地将目光投向了珊瑚，他们创作的诗作读来朗朗上口，堪称盛世华章。

善于写景状物的唐代诗人韦应物就曾做过《咏珊瑚》一诗来描写他眼中的珊瑚："绛树无花叶，非石亦非琼。世人何处得，蓬莱石上生。"遍体绛红，无花无叶，既非顽石，亦非琼玉，世人唯有从海上仙山，蓬莱仙境中的灵石上，才能寻得其踪迹。该诗不仅将珊瑚的外形刻画得生动形象，而且将珊瑚的珍奇也在字里行间渗透出来。盛唐气象之下，作为奇珍异宝的珊瑚难得能为文人所见，自然值得倾尽笔墨来吟咏颂赞一番。

电视剧《甄嬛传》中，甄嬛收到果郡王赠送的贺礼——一串红珊瑚手钏时，曾喃喃自语道："掌上珊瑚怜不得，却教移作上阳花。"这一诗句出自清初诗人吴伟业的组诗《古意》六首中的最后一首，写的是想要捧在手心、珍藏于胸的珊瑚珍宝，也只能被移送到更高的宫室之中，可望而不可即。珊瑚在此处虽为比喻，但是用来比拟的是放在诗人心尖上的纯真美好的年少爱恋，也足见其珍重。

● 流芳的墨宝

提及诗文，自然少不了书法。事实上，珊瑚进入文人的视野，有很大一部分原因是缘自流传的墨宝。古代的书法家们笔走龙

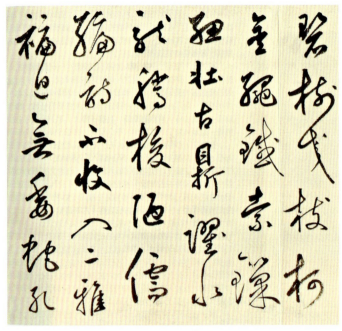

《石鼓歌》节选

蛇，将美感与文采交融于笔墨间，给人以极其丰富的审美体验。

唐代著名文人韩愈就大笔一挥，将《石鼓歌》中的经典语句"鸾翔凤翥众仙下，珊瑚碧树交枝柯"誊抄出来。该句描绘的是奇异唯美、超绝大气的仙人下凡的奇景，而珊瑚作为一个重要的意象自然引起了我们的注意。古人对于这海中而出的华贵之物有着不可名状的喜爱和推崇，甚至将其视为仙境之花、天界之树。该句虽为想象，已足以让我们看到珊瑚的贵重和珍奇。这

不单单是书法史上的一桩幸事，更令喜爱珊瑚的文人雅士引以为豪。

作为"北宋四大书法家"之一，米芾的书法造诣为世人所共知。他所作的行书《珊瑚帖》随意而发，神韵自然，颇有意趣。值得注意的是，该作品还有一个别名，叫《珊瑚笔架图》，这是因为书法的旁边有米芾所画的珊瑚笔架的图画，虽然以今天的写实主义的眼光来看可能未必尽善尽美，但是当时却是极富代表性的"米画"，是米芾为数不多地保留至今的绘画作品。

宋代 米芾 《珊瑚帖》

而在该作中，书与画在一幅作品中得到了奇异的结合，这在今天也是一种极富创造性的表现形式。

● 视听的盛宴

《海、天空与珊瑚的传说》海报

除了朗朗上口的诗文，优美动人的音乐也寄托着人们对珊瑚的喜爱之情。1961年上映的中国歌剧电影《红珊瑚》虽然题材极富年代感，但其中的主题曲《珊瑚颂》却流传至今。唱词采用了借物抒情和以物喻人的手法，借赞美红珊瑚来赞美渔家女珊妹，极富文学性和可唱性。歌词的第一段中，"一树红花照碧海，一团火焰出水来，珊瑚树红春常在"等句子将珊瑚那热烈奔放的色彩和永恒不变的美态刻画得入木三分。

此外，1991年上映的日本电影《海、天空与珊瑚的传

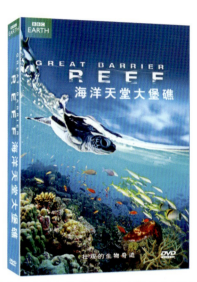

《海洋天堂大堡礁》纪录片影像资料封面

说》和 BBC 经典纪录片《大堡礁》都是关于珊瑚的影视佳作。前者是将珊瑚作为自然的象征，在人与自然和谐相处的主题下，探讨亲情和友情等人类纯洁情感的叙事片；后者则以纪录片的形式告诉人们，"珊瑚是空旷海洋的艺廊里收集活生物的艺术品"，带我们领略了珊瑚最本真、最自然的美与壮丽。

宗教价值

介绍完珊瑚的美学价值，我们就要进入更深层次的领域来探究珊瑚的魅力了。宗教是人类社会发展进程中出现的特殊的文化现象，它具有很深的社会影响力，并且会对人的世界观和人生观产生不同程度的影响。之前我们在介绍珊瑚饰品时曾经提到，珊瑚饰品常常和宗教价值相联系，也因此带有了宗教的神秘色彩。其实，珊瑚在不同的历史时期，不同的宗教体系中都有着重要的作用和独特的价值。下面，我们就来看看，在不同的历史时期和不同的地域，珊瑚有着怎样的宗教价值。

远古时代：自然崇拜的载体

在人类进化伊始，原始人对于自然就有着极强的依赖感，他们依附自然，敬畏自然，同样，也热爱着自然。水与火，可以说是自然界的两大重要元素。在获得了火种之后，人类可以获得熟食，获得温暖，更可以获得和猛兽搏斗的武器（火把），人类的存活率因此大大提升。但是火也是危险的，令人生畏的，它有着灼烧和摧毁一切的力量。水也是如此，有人说生命起源于海洋，即使是并不临海而居的内陆人，也将水当作赖以生存的资源，而水，同样令人畏惧。在原始人的眼中，水与火既是自然的重要元素，更是自然的象征。

原始人对于自然的敬畏使得他们渴望与自然沟通，红珊瑚就成了这种敬畏心理和崇拜心理的最合适的载体。红珊瑚在海中生长，可谓是生于水；它又通体艳红，有着火一样的色彩。水与火在它的身上得到了奇异的交融，因此，在远古时期，红珊瑚就是人们的信仰之载体，心灵之寄托。

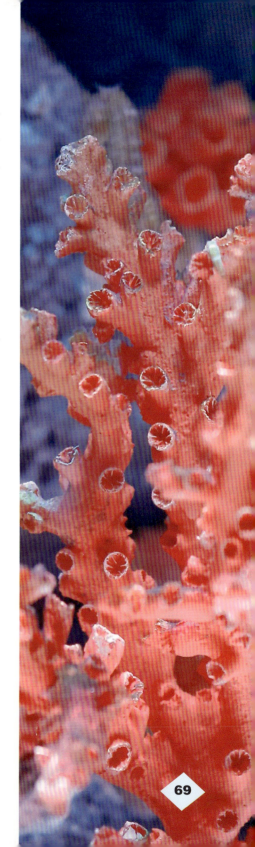

原始人信奉万物有灵，即一切的自然事物都有灵魂。在远古时期，太阳被华夏先民奉为日神。由于崇尚日神，人们也就信仰红色。火红的颜色也常常与太阳联系在一起。因为"一切火的崇拜都起源于太阳崇拜"，红珊瑚的鲜红色泽自然深受先民喜爱。而在西方，古希腊与古罗马是西方文明的起源，这些地区的先民十分崇拜母性，继而对红珊瑚青睐有加。这是因为红珊瑚的颜色十分类似女性的经血，所以古地中海人认为它是海中母神灵魂的象征。而对于古埃及人来说，红珊瑚是生育之神——伊西斯的象征，伊西斯也被认为是循环重生的女神。伊西斯能够庇佑古埃及人的生命与健康，是美神与战神的结合体。古希腊人和古罗马人也都十分崇拜她。

所以，在远古时期，在原始人的心目中，红珊瑚有着与众不同的地位，它充当着自然神明的载体而备受人们的喜爱。

基督教：最早发掘珊瑚的神奇力量

基督徒们将红珊瑚视为耶稣受难的产物，他们认为耶稣被钉在十字架上留下的鲜血蜕化成了红珊瑚。因此在西方世界，特别是基督教众的生活环境中，红珊瑚常被雕

珊瑚十字架

刻成耶稣的样子，有的是耶稣的相貌，有的是耶稣受难的姿势。虔诚的基督教徒有的将其佩戴在胸前，以供时时祈祷，有的则将其制成大尊雕像，陈设在高处，以供瞻仰膜拜。有着耶稣形貌的红珊瑚象征着"神爱世人"，是一个重要的基督教文化载体。

伊斯兰教：珊瑚石墓碑

说起伊斯兰教与珊瑚的渊源，不可谓不传奇。伊斯兰教的《古兰经》将红珊瑚视为驱邪避灾之物，认为它蕴含着神圣而奇异的力量，时常佩戴可以不被霜雪所侵袭。或许正是因为这种教义上的指引，在600多年以前，阿拉伯商人不远万里来到中国，他们不仅带来了玛瑙、珊瑚等珍贵的宝石，还留下了大量的宗教遗迹。中国海南陵水与三亚交界的土福湾村、干教坡、回新村、梅山、蕃岭坡等沿海一带，保留着伊斯兰教徒古墓群，这是至今为止，在我国海南地区发现的年代最早、规模最大、延续时间较长的阿拉伯伊斯兰教徒墓地。

值得注意的是，每一座坟墓的前、后各竖着一块珊瑚石墓碑，上面刻有《古兰经》和死者姓名、生卒年月，还有月亮、神鸟、花纹等图案。由于在东非一带的沿海港口遗址中也有用珊瑚石做墓碑的习俗，所以研究人员推测这些墓葬的主人可能来自遥远的东非和阿拉伯半岛，他们远涉重洋，最终安眠于此。

佛教："七宝"之一

世事更替，宗教也随着社会的进步和文明的发展而不断变化。不变的是珊瑚的尊贵地位。在佛教发源地——印度，宝石分为两种，即人的宝石和神的宝石。前者是凡人可以使用的装饰品，后者则是神的专属饰品，而红珊瑚被认为是神的宝石。印度的释迦牟尼佛寺中有一座至尊至贵的宝塔，使用红珊瑚等七种宝物装饰而成。珊瑚也因此列为佛教"七宝"之一，其他六宝分别是金、银、琥珀、砗磲、琉璃和玛瑙。珊瑚来自大海，有着自然的灵气，高贵纯粹，是自然给予人的瑰宝。佛教教徒因此认为珊瑚可以防止灾祸，增添智慧，

佛珠

广结佛缘，于是将它作为祭神的吉祥物，可以说珊瑚是信徒献给神的贵重物品。它也因此常被用来制作佛珠等。比如，大昭寺的释迦牟尼 12 岁等身像，其上有许多用于供奉的名贵珠串，其材料皆为质地绝佳、造型圆润的红珊瑚。

关于珊瑚制成的佛珠，还有着有趣的历史流变。其实在佛教教义里，上品的佛珠为 1080 粒，由于这种佛珠实在太长，不管是佩戴还是携带都十分不便，于是就只能供极少数大德高僧和潜修者使用，普通教徒和信徒一般不会使用。对于大多数教徒来说，最为上品的佛珠应为 108 粒，它表示佛教教义里的 108 种烦恼，或者是 108 尊佛的功德，也有人说是 108 种无量三昧等。而在日常生活中，有心向佛礼佛的普通人更多佩戴的是 18 粒的佛珠，这既是为了携带方便，也是因为珊瑚佛珠实在过于昂贵的缘故。虽然解读的含义多样，但是珊瑚佛珠在佛教中的地位和价值却是不可撼动、毋庸置疑的。

佛教是在公元前 2 世纪左右由印度次大陆传入中国的，而藏传佛教则是在公元 6~7 世纪传入藏区。之所以单独提及藏传佛教，是因为藏传佛教极富神秘感和藏族的地域特色。藏传佛教是佛教传入藏区后，与藏区本土文化和宗教（苯教，或称苯波教）融合后的产物。藏传佛教的教义里把红珊瑚当作如来佛的化身，也是象征着神的名贵宝石品种。

苯教：太阳神的象征"卐"的主要材料

苯教可能不像世界三大宗教一样为人所共知，但在佛教传入藏区之前，它是当地最流行的原始宗教。在苯教教义中，太阳神是最大的神灵之一，而红珊瑚因为其珍稀的色泽而顺理成章地成为太阳神的象征。苯教用"卐"来代表太阳，因而红珊瑚常常被用来制作成"卐"后缀于女子的服饰上。

例如，藏北地区有一种白色小海螺串联而成的头饰——"滚多"，这种头饰上就有用红珊瑚串成的"卐"，以祈吉祥。

道教：仙境的希望

在我国古代的道教文化之中，珊瑚因为色彩奇艳、灿烂永葆而被视为来自仙境蓬莱的植物。在道教的认知中，蓬莱是坐落于东海之中的一座仙岛，凡人无法到达，只能望洋兴叹，秦始皇曾经派徐福东渡，就是让他前往蓬莱求取长生不老之药，但是最终还是徒劳无获。

实际上，道教文化中有着对于唯美的理想世界的深切向往，道教中人以修炼成仙为自己的追求，而对于仙境的描绘难免单薄，他们试图给自己的理想世界找寻更多的证据。于是枝条招展的珊瑚树就成了梦想世界中植物意象的现实形象，也因此激发了人们无限美妙的遐想甚至崇拜。

从以上介绍，我们不难看出，珊瑚有着极高的宗教价值。除了早期的原始崇拜之外，其实在大多数宗教教徒看来，比起绘画、雕塑等体型较大的宗教信物，珊瑚制品因为来源的特殊和造型的小巧而更容易携带，由此也更容易实现"神与我同在"的目的。美观易携的珊瑚神像和珊瑚佛珠为信徒满足内心的虔诚创造了极为合适的条件，珊瑚也因此染上了悠远而神秘的宗教色彩。

民俗价值

民俗指的是一个民族或社会群体在时代的变迁中流传下来的比较固定的文化事项。在日常生活中为我们所熟知的民间传说和在民间流行的风尚都可以视为民俗价值。下面我们就一起来看看民间对于珊瑚礁的认识，体会珊瑚礁的民俗价值。

作为民间文化的瑰宝，神话传说有着很强的流传性。希腊神话中就有关于珊瑚的故事，这也在长远意义上影响了西方世界对于珊瑚的认识。古希腊人将珊瑚称为

古希腊神话

"*gorgeia*"，这来源于一个古希腊神话。传说，凡与蛇发女妖美杜莎对视的人都会变成石头。英雄帕尔修斯为了证明自己的能力决定前去斩杀女妖，斩杀过程中他巧妙躲过女妖视线，最终成功诛杀了女妖。虽然女妖的头身已经分离，但她仍能使看到她眼睛的人变成石头，于是帕尔修斯用布包裹住她的头，准备回去献给智慧女神雅典娜。在回程途中，他看见一个全身赤裸的少女被捆绑在岸边上，而一旁的海怪正要吃她。

对少女一见钟情的帕尔修斯决定救下少女，于是帕尔修斯跟海怪展开一番搏斗。打斗过程中，女妖美杜莎的血滴落在红海海岸上，海边的海藻都被染红变成了红珊瑚。

● 意大利

意大利人很早便发现了红珊瑚，早在 2000 年前，意大利最古老的珊瑚渔场就已经进行开采了。时至今日，在意大利还有用红珊瑚做护身符以辟邪保平安的传统。如果你是一个旅游小达人，一提起意大利，*Torre del Greco* 这个名字你一定不会陌生。在旅游文化日益兴盛的今天，作为举世闻名的红珊瑚小镇，它备受世人的喜爱。当地人不仅将红珊瑚视为一种商品，而将其视为生活审美的一种载体，他们会定期举办红珊瑚展览，也会有相关的纪念活动。可以说，在海浪的冲刷和时光的打磨下，这个美丽的海滨小镇已经和红珊瑚融为一体了。

深受地中海民俗文化传统的影响，古罗马人笃信佩戴红珊瑚会给他们带来好运，可以祛除灾祸，防止劫难。古罗马人相信，红珊瑚能够平息大海上的风浪，所以如果出海，就一定要佩戴红珊瑚。

在今天，珊瑚的医学价值日益被人们所认同，所以，本就对珊瑚有着很高憧憬的罗马人甚至相信把红珊瑚佩戴在身体显著的位置上，不仅能使人身体健康，还能使人神清气爽，给人以坚不可摧的精神力量，甚至还能提高智力、提升创造力。除此之外，

红珊瑚在古罗马人心中还是神圣所在，它的形状是不允许被随意改变的，所以他们不认同对红珊瑚进行雕刻或者通过其他手段加工红珊瑚。时至今日，罗马的有神论者和很多民众仍会佩戴一块未经加工的红珊瑚，他们相信可以借助这种方式来得到神明的护佑。从古至今，在罗马的民间文化中红珊瑚一直都有着祛难避祸、提高智力的作用，更有与神明相通的神圣意义。

● 波斯

在波斯人眼中，红珊瑚有着吉祥的寓意。他们认为红珊瑚能够辟邪，因此他们常常把红珊瑚作为吉祥物给小孩子佩戴，以此希望红珊瑚能够护佑他们的孩子平安健康。不同于相信红珊瑚有神力的古罗马人，波斯人则相信红珊瑚能够与人相通，最鲜明的表现就是他们相信红珊瑚的颜色变化与佩戴者的身体状况密切相关。虽然这种说法未必有科学的依据，但红珊瑚的民俗价值常常在这种民间信仰中得以体现。

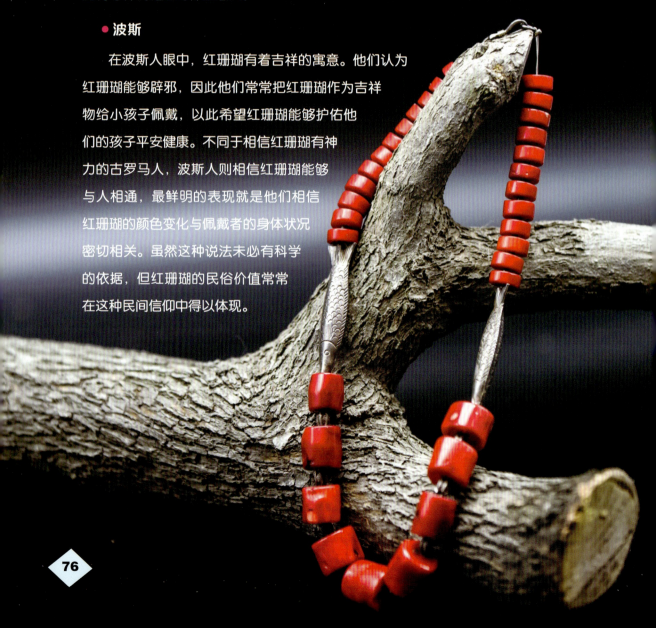

● 中国

　　中国是最早开发和使用红珊瑚的国家之一，而且中国将与珊瑚有关的民俗文化发扬至今。在我国漫长的历史上，人们对于珊瑚的喜爱之情一直延绵不断。大家都知道，红色在我国具有很重要的文化寓意。中国人常用红色来表达自己的喜悦之情，红色是喜庆，是吉祥，是极好的征兆。每逢新春佳节，红灯笼、红春联、红窗花、红福字……人们对于红色的运用可谓达到了极致。而红珊瑚也当仁不让地成了"瑞宝"，代表着幸福、热情、高贵、永恒。

　　在史料和考古获得的资料中，红珊瑚被认为是在我国最先作为饰品来使用的。在新石器时期，我们机智而极富审美情趣的祖先就将红珊瑚打磨成简单的小饰品来装饰

自己了。汉朝时，能跳"掌中舞"的绝世美人赵飞燕在成为皇后以后就将尊贵的红珊瑚做成饰品。

如果说之前人们对于红珊瑚的喜爱更多的是审美上的价值，那么自唐代以来，文人争相以珊瑚为风雅之标志，越来越富有民俗特点了。正如我们前面讲述过的"石崇斗富"的历史故事一样，在古代无论是商人还是文人，都喜爱珊瑚，即使是经济条件并不是很好的下层文人和社会地位比较低微的商贾，他们也都极力购买、收藏红珊瑚的陈设品。文化研究者普遍认为，这是源于当时的民众对于文化与社会地位的追求。当然，红珊瑚这样富有影响力和象征意义的背后，也彰显着它珍稀的特点。

对珊瑚的偏爱之风在清朝达到了鼎盛，无论是前朝还是后宫，珊瑚都有着与众不同的地位。

明 杜堇《听琴图》局部

明 谢环《杏园雅集图》局部

在朝堂之上，珊瑚是等级的象征，是高贵的地位和掌权者势力的代表。清朝帝王和官僚甚至嫔妃在服饰上都有着严格的等级秩序。而珊瑚就是等级划分的一种体现。很多人可能会疑惑，这是掌权者用来规范封建等级秩序的，与民俗并无大的关联。但这种概念本身就有着民间信仰蕴含在其中，所以，即使是尊贵无比的帝王，也需要佩戴朝珠。因为祭祀活动非常重要，皇帝必须按照规定佩戴特定规制的朝珠。皇帝祭天

清朝乾隆皇帝穿朝服佩戴红珊瑚朝珠标准像　　　乾隆皇帝慧贤皇贵妃朝服像

坛时，身着蓝色朝服，佩戴着青金石的朝珠；祭拜地坛时，着明黄色的朝服，佩蜜蜡或琥珀朝珠；在日坛朝日礼时，穿红色的朝服，佩戴红珊瑚朝珠；在月坛夕月礼时，穿白色的朝服，佩戴绿松石朝珠。四种颜色分别代表天、地、日、月。

在历朝历代的官僚体系里，人们是通过顶珠来区分官员的品级和地位的。依清朝礼仪，一品官员的顶珠用红宝石，二品用珊瑚，三品用蓝宝石，四品用青金石，五品用水晶，六品用砗磲，七品用素金，八品用阴文镂花金，九品用阳文镂花金。顶上无珠者，即为无品级。

清代的皇后穿朝服时，身上必挂三盘朝珠，左右挂珊瑚朝珠，中间挂东珠朝珠；穿吉服时只需挂一盘，珠宝杂饰随意。而皇贵妃、贵妃、妃等人身穿朝服时，通常在中

间佩以一盘琥珀或蜜蜡朝珠，两侧肩斜挎两盘红珊瑚朝珠；嫔以下至贝勒夫人、辅国公夫人等人身穿朝服时，中间佩戴一盘珊瑚朝珠，另两盘为蜜蜡或琥珀朝珠；民公夫人、五品命妇身穿朝服时所挂的三盘朝珠，则无严格要求，可在青金石、绿松石、蜜蜡、琥珀、珊瑚中凭喜爱随意选用。

很有趣的一点是，清宫后妃均是崇佛、信佛的。今天如果参观故宫博物院，我们会在很多后宫殿堂的内室里发现有佛堂。后宫的妃子以诵经礼佛来度过寂寞的宫廷生活，既能清心又能找到合适的精神寄托。更为深层次的含义是，在我国古代，母以子为贵，皇宫里更是如此，后妃们礼佛的目的更多的是求得皇帝的恩宠，求得生子的可能。妃嫔们将手串中的每颗珠子也称为子，暗暗祈祷，小心祈求，还有希望得到皇帝宠幸而飞黄腾达的含义。也正因此，珊瑚手串有着极为丰富的文化内涵。

右图这件手串由十八粒珊瑚珠制成，浅雕祥云，晶莹剔透，其间再加以米粒珍珠，更添华美。我们之前讲过，手串原为佛家消除烦恼障和报障的佛珠，其特定手串颗数有特定佛法含义。清朝的礼乐制度将宗教元素纳入其中，所以，此处的"十八子"指的是"十八界"，即"六根、六尘、六识"。此件手串所选珊瑚饱满鲜艳，其他配石亦为上等，是吉祥富贵的象征。

即使是专门的一盘朝珠，也有着极为复杂的含义。下图中的这一盘，共有珊瑚珠 108 颗，按照清朝

的礼仪典籍《会典》规定，自皇帝、后妃到文官五品、武官四品以上，方可配挂朝珠。此件朝珠所选的珊瑚珠子大小如一，颜色鲜艳，圆润而有光泽，是按 12 个月、24 个节气、72 个物候的说法，因而总数定为 108 颗。

民俗本身就是与民众息息相关的，如果说在汉族的社会里，珊瑚因为稀有而只能在部分人群中流传的话，那么藏族人民对于珊瑚的喜爱就广泛地表现在民族服饰之中，成了民族的特色。在广袤无比的青藏高原上，人们常把红珊瑚当作装饰品佩戴于身，从康区到阿里，色彩明艳的珊瑚配饰琳琅满目，绚丽多彩。藏族人称珊瑚为"芝玛"，他们佩戴红珊瑚的历史可追溯到吐蕃时期。藏族人对于珊瑚的喜爱以及红珊瑚在藏族服饰上的重要地位，揭示了汉、藏等民族宗教和文化的密切联系与交流。

藏族女子的珊瑚配饰是由桶型珊瑚珠串成的，绿松石和玛瑙间隔其中，杂色成串，藏族女子的服装搭配十分浓烈且华贵美丽。平日里，女子戴一串（约有 30 颗珠宝），

在节日盛装时会佩戴 2~8 串。男子则喜欢戴大珊瑚珠子，把串珠绕于胸间，显得英雄气十足。

在西藏还流传着"山珊瑚"的说法。所谓山珊瑚就是在牧区出土的、颜色鲜红、具有很多虫眼的古代珊瑚。传说，它产自西

藏族女性服饰

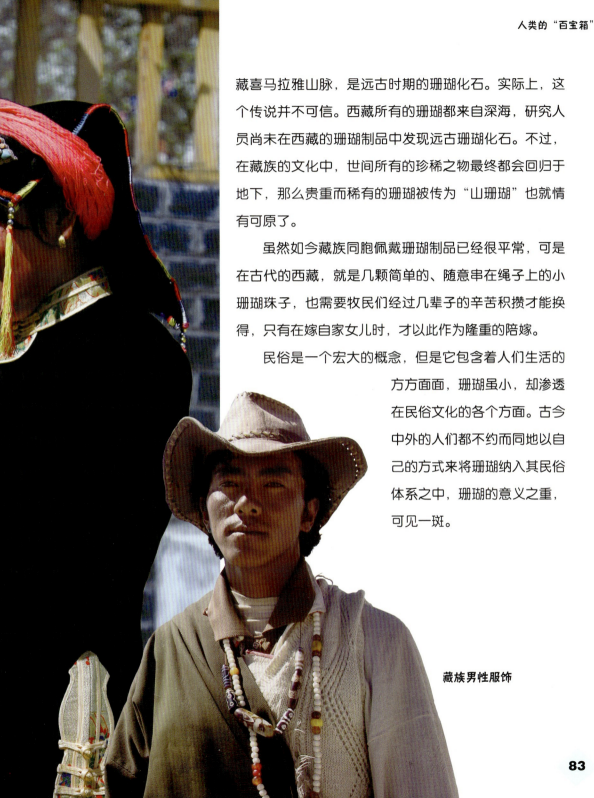

藏喜马拉雅山脉，是远古时期的珊瑚化石。实际上，这个传说并不可信。西藏所有的珊瑚都来自深海，研究人员尚未在西藏的珊瑚制品中发现远古珊瑚化石。不过，在藏族的文化中，世间所有的珍稀之物最终都会回归于地下，那么贵重而稀有的珊瑚被传为"山珊瑚"也就情有可原了。

虽然如今藏族同胞佩戴珊瑚制品已经很平常，可是在古代的西藏，就是几颗简单的、随意串在绳子上的小珊瑚珠子，也需要牧民们经过几辈子的辛苦积攒才能换得，只有在嫁自家女儿时，才以此作为隆重的陪嫁。

民俗是一个宏大的概念，但是它包含着人们生活的方方面面，珊瑚虽小，却渗透在民俗文化的各个方面。古今中外的人们都不约而同地以自己的方式来将珊瑚纳入其民俗体系之中，珊瑚的意义之重，可见一斑。

藏族男性服饰

研究价值

近年来，国内外的专家们都不遗余力地进行着珊瑚礁的研究。而正是在对珊瑚礁的不断探索中，研究人员发现，珊瑚礁是地质历史的"见证者"，它好似一个引导员，又像一个细数过往的老者，为我们缓缓揭开地质历史的神秘面纱。

古生代研究

纵观地质历史时期造礁珊瑚的分布，显而易见，古生代的造礁珊瑚多分布于地球北半部，随着时间推移，其分布范围有规律地自北向南移动，这主要与地壳运动有关。地壳运动是由于地球内部变动而引起的地球物质发生的机械运动，地壳内部物质的变化影响地质构造，岩石圈的变动也由此而生。可以说，大陆、大洋底部的变化和消亡都是受地壳运动影响的，而海沟和山脉也由此而生，地震、火山爆发也相继出现。

火山爆发

海沟

造礁珊瑚从远古到现代，大致经历 6 个大的发展阶段：（1）中晚奥陶世，主要造礁生物为日射珊瑚和床板珊瑚，目前已描述 100 多个属，四射珊瑚中仅发现 10 多个属，其产地分布范围相当于现今北纬 20°~80°；（2）中晚志留世，以日射珊瑚、床板珊瑚和四射珊瑚共同发育为特征，其中日射珊瑚和床板珊瑚已描述 150 多个属，四射珊瑚描述 180 多个属，其分布范围与中晚奥陶世基本一致；（3）泥盆纪，床板珊瑚种类繁多，日射珊瑚显著减少，共描述 130 多个属，四射珊瑚达到鼎盛期，共描述 280 多个属，其产地分布范围相当于现今北纬 15°~75°；（4）石炭—二叠纪，床板珊瑚显著减少（石炭纪 70 多个属，二叠纪 30 多个属），日射珊瑚已灭绝，四射珊瑚继续繁盛，已描述 230 多个属，其产地分布明显往南移动（石炭纪相当于现今北纬 10°~70°，二叠纪相当于现今 0°~北纬 60°；（5）中生代，自中三叠世到侏罗纪六射珊瑚大量繁盛，已描述 230 多属，到白垩纪六射珊瑚相对减少，其产地分布相当于现今南纬 10°~北纬 50°；（6）第三纪，六射珊瑚重新形成真正的珊瑚礁，其种类和数量均达到顶峰期，已描述 80 多个属 600 多种，其产地分布与现代珊瑚礁相同，为南、北纬 30° 之间。

床板珊瑚化石

上述造礁珊瑚的分布规律表明，自中奥陶世到现代，地球表面热带和亚热带区一直在转移，已由相当于现今的北纬20°~80°移到南、北纬30°之间。古赤道位置由相当于现今的北纬50°移到0°。通过对这些移动区域内的动植物化石和资料的收集、整理和分析，研究人员在对猛犸象化石的发掘地区进行分析时，认可了上述位置的移动规律，这也证实了造礁珊瑚在研究地质时期方面的历史作用。研究

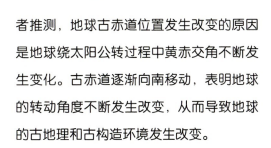

猛犸象化石

者推测，地球古赤道位置发生改变的原因是地球绕太阳公转过程中黄赤交角不断发生变化。古赤道逐渐向南移动，表明地球的转动角度不断发生改变，从而导致地球的古地理和古构造环境发生改变。

四射珊瑚化石

　　需要重点介绍一下四射珊瑚化石，因为它在确定地质时期等方面具有重要意义。由于四射珊瑚生活在中奥陶世时期的二叠纪的海洋中，在古生物学研究中，研究人员可以根据某一类四射珊瑚化石的存在判定该地层的地质时代。如泡沫珊瑚属指示志留纪，犬齿珊瑚属和棚珊瑚属指示石炭纪，而梁山珊瑚属和瓦氏珊瑚属却指示二叠纪。

　　除了作为地层时代的标准化石外，珊瑚类动物还是一种指相化石。指相化石，就是能够明确指示生物生活时的环境条件的化石，它是恢复古环境的重要证据。因为不同历史时期形成的沉积物所含的化石组合也是不尽相同的，而生物对其生活环境变化的反应比沉积物更为明显，所以指相化石是自然地理环境最好的指示者，而珊瑚化石也就成了辨别、判断海洋地层和地质层属的重要资源。

在古生代，包括横板珊瑚和四射珊瑚在内的所有珊瑚类动物都生活在海洋的底部，所以保存有珊瑚类动物的地层都属于海相地层。研究表明：珊瑚类动物绝大部分生活在温暖而清澈的浅海中。单体珊瑚适应性较强，在各种深度和低温环境中均能生存，一般不直接参与造礁。复体珊瑚通常生活范围较窄，尤其是造礁型的复体珊瑚，对生态条件的要求十分严格，通常在水温 20℃~30℃、盐度 35 的海水中才能生存，而且不能有过多的泥沙，水深一般也不超过 100 米。严苛的生存条件使得我们可以依据底层中珊瑚动物的生态环境和分布规律去推断各地不同历史时期的区域地理和古气候。例如，如果取到的珊瑚类动物化石保存较完好、形态较清晰、整体结构较完整、大小较一致，说明当时的海洋生态环境较好、食物较充实、水体较干净且温度适宜。

复体珊瑚化石

● 地质时钟

研究发现，珊瑚外壁表面生长线的生长规律与季节性的温度变化及营养物质供应情况的周期性变化相关。现代珊瑚是每昼夜生长一圈生长线，每 28 圈生长线组成一个生长带，也就是相当于一个阴历月（28 天）的周期。

而通过对各个地质时期的四射珊瑚化石生长线的观测与计算，人们发现泥盆纪时期的四射珊瑚每年生长 400 圈左右的生长线，石炭纪则为 385~390 圈，这说明了从古至今一年中的天数在逐渐减少，而一天的时数却不断增加。这样的结果足以证明地球自转速度在有规律的变慢。多么令人惊奇！小小的珊瑚，竟能作为记录地质历史过程的时钟！通过对古代珊瑚分布规律的研究，古生物学家还发现，在漫长的地质年代中，赤道不断发生着变化，其位置随着时间的推移而有规律地南移。

地壳运动研究

在珊瑚礁的地质研究价值的分析中，我们已经对于板块运动方面的内容有所介绍。事实上，在漫长的地质发育过程中，各板块间失去平衡，使彼此重新拉张和聚合，板块移动过程中，其边缘会形成一系列的火山活动带。大陆边缘及火山活动区正是珊瑚礁的发育地区。因此，通过研究珊瑚礁，我们可以大致判断出各个板块之间的拉张和挤压过程。在地球自转中，近南北向的构造带多是拉张为主、挤压为辅，近东西向的构造带则多表现为挤压。

● 珊瑚礁与地壳升降运动

通常来说，珊瑚礁应该形成于低潮线以下 50 米以内的浅海，但地壳的升降运动直接影响珊瑚礁的生长和分布，高出海面者无疑是地壳上升或海平面下降形成的；反之，则是由于地壳不断下降而形成的。地壳不断地下降或抬升，使得海陆边缘不断发生变化，进而改变了珊瑚礁分布的时限和位置。

　　珊瑚礁资源丰富的夏威夷群岛就是一个典型的例子。夏威夷火山作用强烈时，火山物质堆积在海岭顶部，当达到高峰时，岩石圈迅速向下沉降。更为神奇的是，这种沉降作用以及大陆冰雪的消融或增生共同引发海平面的升降，从而形成一系列珊瑚礁。众所周知，珊瑚礁均在浅水中生长，科学家们通过对深度递增的一系列珊瑚礁样品进行放射性年代测定，便可以弄清局部地壳沉降的持续时间和持续沉降程度。

　　我国南海的珊瑚礁与地壳升降活动同样有着紧密的联系。渐新世中期，整个南海地区发生沉降，于是形成了适合珊瑚生长的热带海洋。珊瑚幼虫附着在深度适宜的构

造脊和断块上生长发育，最初分布在基底的四周，逐渐向断块中央发育扩张，最终形成了珊瑚礁礁坪和潟湖。若海平面上升的速度与珊瑚生长速度达到平衡，珊瑚礁就会稳步向上发育，礁坪会逐渐变宽，潟湖逐渐缩小变浅。若海平面上升速度高于珊瑚生长速度，珊瑚礁会因为水深过大而中断发育，成为沉没礁。若平面上升速度低于珊瑚生长速度或海平面下降幅度较大，珊瑚礁体就会出露水面，礁顶不断地被风、海水等侵蚀进而夷为平面。因此，对珊瑚礁的研究，可进一步启发我们进行推测各板块升降速度方面的研究。

● 珊瑚礁与火山活动

火山活动会引发一系列的地球化学元素分布的变化，而同一时期的珊瑚骨骼中的元素特征能记录下这些变化，这就是研究人员用珊瑚骨骼来研究火山活动的主要思路。

我国南海西北部珊瑚礁区第四纪火山活动频繁，受火山活动影响，与火山活动有关的元素，如铝、铜、钛、钴、锰等含量较高。对大块珊瑚岩芯的研究显示，珊瑚骨骼中的这些元素反映出的火山活动，大部分都能与历史记录上的火山活动找到对应，这证明了用地球化学元素含量的变化特征来研究火山活动是具有可行性的。火山活动对珊瑚礁的发育具有明显的控制作用。

● 珊瑚礁与地震活动

地震作为一种难以预测的自然灾害，给人类带来了巨大的灾害。因此，自古至今，人类都在不断探寻地震活动的规律，但至今还没有一种方法能让人们完全掌握地震活动的规律，所以也很难做好灾害的预防。科学家在不断的探索中，发现了珊瑚礁对于地震活动的变化规律有着很好的佐证作用。

若地震引起珊瑚礁或珊瑚礁群抬升到海平面以上，那么活珊瑚就会全部或部分脱离海水且暴露于空气中，它们因为离开了适宜生存的环境而死亡。因而，据珊瑚死亡的时间可以推断出发生地震的时间。

　　历史上，我国南海西北部的地震活动是比较频繁的，南海又有着丰富的珊瑚礁资源和珊瑚礁遗迹，我们通过对因地震抬升高出海平面而死亡的珊瑚进行研究分析，可以将它与今天的珊瑚生长状况及生长上限进行对比，两者的差值即可认为是地震抬升的高度。对于南海这种岛礁林立的地形来说，如果经历了多次地震抬升，则可能有多个差值。值得注意的是，珊瑚，尤其是大型块状滨珊瑚，其生长上限严格受到海平面的限制。一般顶部露出水面超过1小时珊瑚就会死亡，因此每次地震对珊瑚礁的抬升都会造成珊瑚的大量死亡，这些珊瑚的遗体是珊瑚礁得以形成的功臣，也是地震活动发生的隐性记录仪。

通过介绍，相信大家已经对珊瑚礁的研究价值有了一定的了解，我们可以通过珊瑚礁来推算古赤道的迁移速度，又可将其视为确立板块陆缘区的标志，而且还能推测各板块升降速度和水平运动距离，进而推测地震活动和火山活动的时间和历史。此外，珊瑚礁还是储藏石油的宝库。总而言之，深入研究珊瑚礁有十分重要的理论及现实意义。

实验基地

珊瑚礁还有一项重要的应用——实验基地。珊瑚礁石灰岩覆盖的平顶海山，是水下实验的优良基地。科学家们在这里建造海底基地，可以更近距离地贴近海洋生物的生活，更好地观察及研究珊瑚、海草和鱼类等生物，同时也方便对生态环境的变化进行观测。

卡罗琳海山

● 美国水瓶座礁石水下基地

　　珊瑚礁适宜建设水下实验基地早已成为世界各国海洋生物研究者的共识。美国就率先建立了一座礁石水下实验基地。这座水下实验基地有一个美丽的名字——水瓶座，于 1988 年首次开展水下行动，在历经几次考察后，水瓶座迁至北卡罗来纳州的威明顿，由全国海底研究中心在北卡罗来纳大学威明顿分校进行超过 18 个月的翻新，直到 1992 年终于被部署在目前的位置——佛罗里达群岛国家海洋保护区。

　　水瓶座是一个可供科学家进行连续 10 天作业的水下实验室，对于研究者们来说，它更是一个舒适的家。这座科学家的水下栖息地有 6 个床位，还有淋浴和卫生间。此外，即时热水、微波炉、

水瓶座礁石水下基地

垃圾压实机、冰箱、空调一应俱全，还有一台电脑，可以与岸上相连，进行无线遥测。这无疑给研究人员和海底探索者免去了后顾之忧。随着时间推移，海底的"土著居民"似乎也开始接受这个"不速之客"。

在这里，研究人员还可以通过海底课堂来进行实时教学，将在海底的研究结果直观展示给学生们，还能借助网络视频直播来为公众解密神秘的海底世界。研究人员在这里开展针对海绵动物和珊瑚礁的研究，也是为了对其进行保护和培育。要知道，由于疾病、海

美国佛罗里达群岛国家海洋保护区

洋温度上升以及环境污染和过度捕捞等自然和人为的因素，作为海洋生物栖息地的珊瑚礁已经在全球范围内面临灭绝的威胁。研究人员表示，在世界各地的绝大多数珊瑚礁区域，珊瑚正在迅速减少，取而代之的是柔软的海藻。2010 年，水瓶座实验室开展了为期 10天的任务，这次名为“如果珊瑚会说话”的任务的核心目标就是增强人们对海洋资源问题的认识，引导人们更好地了解珊瑚与海洋的关系，进一步强调保护世界范围内的水下资源的重要性。

珊瑚礁在哭泣

　　珊瑚礁曼妙而美丽，是人类的"百宝箱"。然而，谁能想到，珊瑚礁正经历着前所未有的危机与挑战！根据联合国环境署最新的一项研究，如果不立即采取相应的保护措施，那么在 21 世纪内，预计世界上 99% 的珊瑚将不可避免地遭受严重的白化过程。我们不禁深思：当绚丽的珊瑚褪去色彩，变得惨白如尸骨，如今繁华热闹的海底世界，又将变成什么样子？

白化的珊瑚（左）和完全死亡的珊瑚（右）

珊瑚白化

　　珊瑚白化，通俗而言就是色彩艳丽的珊瑚颜色变白的现象。实际上，珊瑚本身为白色，之所以颜色各异，是与之共生的藻类的功劳。藻类不仅让珊瑚绚丽多彩，还能通过光合作用为珊瑚供给能量，制造出它们自身及宿主珊瑚虫生存所需的养料。珊瑚变白的现象就是在受到多种环境因素如水温变化、光照过强、水体富营养化等影响下而出现的。由于上述原因，珊瑚与海藻的共存关系被打破，共生藻就会被珊瑚排出体外，色素蛋白被破坏，显露出白色的珊瑚骨骼。一眼看上去，平日色彩鲜艳、生机勃勃的珊瑚变得苍白易碎。

　　但若仅发展到此，珊瑚白化还是有转机的。如果外界环境变化的持续时间较短，等到恢复原有环境条件，珊瑚内部的共生藻数目会再次增加，珊瑚也会随之恢复原来

加勒比海的珊瑚白化现象

的色彩绚丽。倘若环境变化过于剧烈，或者白化持续时间过长，珊瑚将会由于无法适应新环境或长期缺乏营养而死亡，这造成的损伤将无法逆转，即便恢复到原来的环境水平，珊瑚也无法恢复如初。

　　珊瑚与虫黄藻的共生关系和由此引发的光合作用是珊瑚礁生存的必要条件，不但能够维持珊瑚礁绚丽的色彩，更能够保持珊瑚礁的生态平衡。但是，虫黄藻的生长对水质、气温有着特殊的要求，一般是生长在 22℃~33℃ 的温暖海水中，且需要一定的盐度支撑。此外，还要有光合作用的必要条件——太阳光。因此，按照这些条件，地球上的珊瑚礁大部分分布在南纬 30° 和北纬 30° 之间的热带、亚热带且水深约 50 米的浅海。据初步统计，地球上的珊瑚礁面积大约为 30 万平方千米，其中有 90% 以上分布于印度洋到太平洋一线的海域，主要包括南半球的澳大利亚和北半球的中国南海，还有红海及印度洋的部分区域。

珊瑚礁现状

　　珊瑚礁生态系统适应性强，但却又无比敏感且脆弱。例如，在更新世末的末次冰期，海平面下降了百余米，很多珊瑚礁都被摧毁了，后来珊瑚礁又断断续续生长。随着海平面不断上升，珊瑚礁又重新繁盛。由此我们不难看出，在被灾难性的海洋灾害摧毁后，珊瑚礁是具有快速恢复生长的能力的。但是，目前的珊瑚礁不仅受到自然灾害的威胁和破坏，还有人类活动的影响。

　　19 世纪 70 年代以来，随着人类活动影响加大，大气中二氧化碳浓度不断上升，全球气候不断升温，珊瑚白化现象变得普遍而严重，珊瑚礁开始全球性的衰退。活珊瑚覆

珊瑚的天敌：棘冠海星

盖率显著下降，西大西洋下降了53%，印度洋下降了40%，大堡礁下降了50%，加勒比海地区珊瑚礁的退化则是灾难性的，活珊瑚的平均覆盖率从1977年的50%下降到2001年的10%。

我国南海珊瑚礁与20世纪70年代相比，破坏严重。海南岛沿岸珊瑚礁也难以幸免，生态系统明显发生衰退。自20世纪50年代以来，海南岛沿岸珊瑚礁的破坏率已经高达80%，由此带来诸如海岸被侵蚀后退、产业资源衰竭、海岸生态环境恶化等一系列不良后果。据调查，海南岛三亚鹿回头岸礁区的81种造礁石珊瑚中，已有30种（占37%）被区域性灭绝。此外，受冬季寒流南下的影响，澎湖列岛等礁区的珊瑚白化事件偶有发生。台湾岸礁区的珊瑚礁经常受到热带气旋的严重侵袭。此外，珊瑚还会受到棘冠海星等生物的入侵、破坏。棘冠海星不仅有毒而且以珊瑚为主要食物，20世纪60年代以来，棘冠海星在某些珊瑚礁数量暴增，把成片的石珊瑚水螅体吃掉，造成活珊瑚大量死亡，珊瑚礁也因此遭到破坏。过去几十年里，活珊瑚覆盖率大大降低，整体形势严峻。

科学家们利用联合国政府间气候变化专门委员会发布的第五次评估报告中的碳排放量和气候模型进行了推算。结果显示，如果当前的碳排放情况没有得到改善，那么照目前的形势发展下去，到2045年全球74%的珊瑚礁将会白化和死亡。全球约1/4的珊瑚礁可能提前白化，发生的时间可能比预期提早5年甚至更多。发生白化的珊瑚礁主要分布于澳大利亚西北部、托克劳群岛和巴布亚新几内亚等赤道附近的太平洋岛屿地区。如果不减少碳排放量，绝大多数的珊瑚都将面临死亡的风险。减少碳排放量将使全球约23%的珊瑚发生年度周期性白化的时间至少推迟20年以上。

研究指出，在遭受白化之后，珊瑚礁需要5年的恢复时间。每年的白化过程将对珊瑚礁生态系统的生态功能产生重要影响，削弱珊瑚礁提供物质和服务的能力，如渔业资源和对海岸及人类社区的保护。

可以用图片展示珊瑚礁受威胁程度，

红色区域代表珊瑚礁正面临高威胁，黄色区域为中等威胁，而蓝色区域为低威胁。27%的珊瑚，正因为人类活动，面临高威胁，濒临死亡。而共计58%的珊瑚正遭受威胁。

世界资源研究所总结了威胁珊瑚礁生存的几大方面，一是当地人类活动的影响，二是全球范围内的影响。当地人类活动包含沿海开发、海洋污染和侵蚀、过度捕捞和破坏性捕捞。而全球范围内的影响则包括温度升高（海水温度升高可导致珊瑚白化）以及海水酸化（海水中二氧化碳含量增高，可以降低珊瑚生长速率）。统计显示，对海洋资源的过度开发利用，包括破坏性捕捞活动以及沿海开发，已经成为威胁珊瑚生存的首要因素。36%的珊瑚礁因过度开发海洋资源而受到威胁，30%的珊瑚礁因沿海开发遭受破坏，而22%的珊瑚礁正忍受污水、经受腐蚀，还有12%的珊瑚礁面临来自海洋污染的威胁。

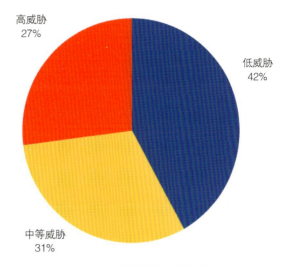

珊瑚礁受威胁程度百分比

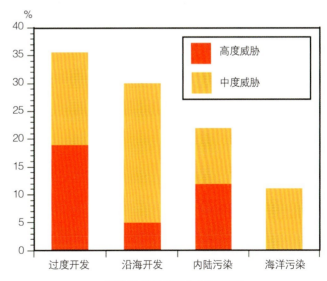

威胁全球珊瑚礁生存的因素

● 珊瑚礁海域生物多样性受到影响

　　珊瑚礁海域通常有着很高的生物多样性，然而，随着珊瑚礁遭受严重威胁，其生物多样性同样受到影响。有些区域生物多样性正遭受严重威胁，这些区域多集中于东南亚地区，尤其是菲律宾、印度尼西亚等国附近海域。此外，加勒比海拥有的高生物多样性，也同样处于高风险状态。

人类活动威胁珊瑚礁生存

沿海开发

　　近年来，随着经济全球化的发展，国际贸易的增多，沿海城市都在快速发展，人口也在不断增长。据估计，到2050年，沿海地区的人口数量将达到72亿。其中，赤道附近的发展中国家人口增长速度最快。在一些东南亚国家，70%以上的人都居住在沿海地区。可以预见，随着人口激增，海岸的开发活动也将随之加剧。

　　然而，沿海城镇的发展会对临近珊瑚礁产生一系列的威胁。报告显示，当前珊瑚礁三角区约有85%的珊瑚礁遭受了人类活动，如海岸开发、污染、过度捕鱼等的直接破坏。珊瑚礁三角区囊括了菲律宾、印度尼西亚等区域，共占全世界珊瑚礁总量的30%，海域里共有3000多种鱼类。

　　有专家认为，珊瑚礁遭受破坏主要是由于沿海地区的人口激增、工业污染的加剧及旅游业的无序发展。

珊瑚礁被大量开采用作建材

随着人口的不断增加，很多城市都面临着空间不足的问题。于是，一些沿海城市在城市规划建设过程中，将建筑搭建在珊瑚礁上，这种举动对于珊瑚礁来说是一种极大的破坏。此外，人类疏浚港口和河道产生的废物残渣随意倾倒，破坏了珊瑚的栖息地。在许多地方，人们开采珊瑚礁区域内的砂土和石灰岩来用作建筑材料，此举无异于竭泽而渔，长此以往，若无控制，也是对珊瑚礁残忍的破坏。

或许有人会疑惑，珊瑚礁怎么能被当作建筑材料来开采呢？这是由于珊瑚的杂质较少，可用于生产性能更佳的建材——石灰，因此一些热带国家沿海地区的居民往往首选珊瑚礁作为建筑材料，特别是由于近年来建材市场需求日益增加，作为陆上资源的石灰岩毕竟有限，人们自然将目光投向了珊瑚礁。

作为建材的珊瑚石

珊瑚礁的大量开采不仅破坏了生物栖息地、珊瑚景观及渔业生产，而且加剧了海岸侵蚀。由于珊瑚礁开采成本较低，人们对其需求量很大，通常将其用于铺路、铺机场跑道。据估计，全球每年开采的珊瑚礁约150万千克，而这些珊瑚建材大都参与国际贸易。其中菲律宾、印度尼西亚、马来西亚、斐济出口珊瑚建材的份额较大。我国海南岛也有用珊瑚礁烧制石灰的历史。近十几年来，随着人们对建筑材料需求增大，针对珊瑚礁资源的这种破坏性利用不断加剧。这不仅影响渔业经济，而且使得珊瑚礁被摧毁区域的海岸受到了严重侵蚀。如文昌、三亚、琼海因开采珊瑚礁致使海岸内缩。此外，开采活动也极大降低了珊瑚景观的美学价值，从而影响旅游业的持续发展。

珊瑚的生长十分缓慢，因而在开采破坏之后要恢复原有水平将是一个极为漫长的过程。有专家认为珊瑚礁的生长发育达顶极群落需要百年时间，即使有充足的时间来休养生息，类似于以前的群落也不会再出现。因此，开采珊瑚礁来烧制石灰这一行为，虽然短期内有所得，但却严重毁坏了珊瑚礁生态系统，损害了更加长远的利益。

粗暴的珊瑚礁旅游业

之前介绍过珊瑚礁引发的全球旅游热潮。珊瑚礁旅游业在给人们带来了巨大经济效益的同时，也会威胁珊瑚的生存。在一些拥有珊瑚岛礁的国家，迅猛、无序发展起来的旅游业对珊瑚礁的保护带来了破坏性的副作用。脆弱的珊瑚无法经受无组织、无计划的旅游活动，无法承受旅游设备的重负和游客粗鲁的对待。

许多发展中国家，旅游业持续发展的同时人口也在急剧增加。例如，我们之前提到的马尔代夫，现在已有 60 个海滨旅游胜地，但在 1972 年时它仅有 2 个旅游点。剧增的人口和狂热的旅游浪潮让珊瑚礁背上了沉重的负担。

据估计，每天约有 30 艘旅游船载着游客去往加勒比海中的大开曼岛参观珊瑚礁。沉重的船锚毫不怜惜地落下，珊瑚礁也因此变得支离破碎。埃及的西奈沿海大举开发旅游业，允许潜水者去勘探沿海的珊瑚礁，发展至今每年有近十万名潜水者前往勘查珊瑚礁。然而潜水者的一举一动都关乎珊瑚礁的健康，哪怕他们只是站在珊瑚礁上或不小心碰到珊瑚礁，或多或少都会对珊瑚礁造成损伤。海洋学家说："对于珊瑚来说，甚至一点轻微的压力都会损伤它分泌出的黏液，而这黏液恰恰是专门用来抵御侵染和脏东西的。"

珊瑚礁旅游业

过度开发和破坏性捕捞

渔业捕捞是珊瑚礁区主要的资源利用方式，但过度捕捞问题几乎是全球性的。珊瑚礁生态系统的主要压力除人为破坏外，还来自过度捕捞带来的生态危害。过度捕捞影响生物多样性，通常导致鱼类在大小和种类组成等方面发生巨大变化，这就大大破坏了珊瑚礁的生态平衡。

过度捕鱼被公认为是海洋环境中生物多样性丧失的主要原因，捕鱼也会影响鱼群传递养分的能力。科学家通过模拟实验发现，珊瑚礁鱼类对于珊瑚礁具有营养存储和供应（鱼类排泄物对珊瑚礁的供养作用）等重要作用，对于生物多样性等内容也有多方面的功用。从极端捕鱼压力区跨越到完全无捕鱼压力的渔业保护区，都有这种群落的分布。研究表明，在捕鱼区没有任何实质性的物种数量变化的情况下，鱼类传递养分的能力降低了近 50%。这也从更广泛的角度说明，捕捞压力对生态系统功能的威胁是确实存在的。因此，对珊瑚礁的保护和管理刻不容缓，势在必行。

事实上，很多国家已经在捕鱼方面有了控制意识，可是很多行为依然难以防范。比如，作为捕捞大国的菲律宾，尽管其政府采取措施取缔用炸药和氰化物捕鱼的做法，但仍然有一些稀有鱼种处于危难之中，对于红鳍鱼等珊瑚礁稀有鱼种来说，捕捉殆尽的威胁时时悬于头顶。众多渔民利用先进的科技来行不法之事，这不仅摧毁了红鳍鱼，也影响了珊瑚礁。正因如此，菲律宾原本丰富的珊瑚礁资源正受到严重的威胁。对此，滥捕狂捞式渔业生产具有不可推卸的责任。

红鳍鱼

　　牙买加沿岸的珊瑚也有类似情况。之前提到过与珊瑚礁白化密切联系的就是藻类大暴发。实际上，藻类大暴发的原因除了海水中与日俱增的化肥成分外，还有人类的捕捞活动。由于人类大量捕鱼，海里的鱼越来越少，而且存留的鱼的个体也越来越小。在自然的生态平衡中，许多鱼以藻类为食，能够限制藻类的过量生长。如果鱼的数量减少，那么藻类的数量自然就增多了，而过量的海藻，会严重影响珊瑚礁的生存。

牙买加沿岸的珊瑚

氰化物捕鱼

使用氰化物捕鱼也会对珊瑚产生破坏作用。使用氰化物来眩晕并捕捉鱼类始于 20 世纪 60 年代，菲律宾利用这种方法来供应北美和欧洲持续增长的水族馆鱼类市场。到 20 世纪 70 年代后期，这种"毒药"也被用来捕捉体型更大的珊瑚礁鱼类（主要是石斑鱼等）。

尽管氰化物捕鱼是非法的行为，然而在印度洋和太平洋沿岸的一些国家中，人们高价购买珊瑚礁鱼、政府保护机制欠缺、官员腐败频发等原因导致氰化物捕鱼屡禁不止。自 20 世纪 60 年代至 20 世纪末，已有超过 100 万千克的氰化物喷洒在菲律宾和印度尼西亚的珊瑚礁上。氰化物对珊瑚和鱼类的毒性影响是显著的，研究发现即使是极少量的氰化物也会对珊瑚产生极大的破坏，其能够杀死珊瑚中的共生藻，最终可能导致珊瑚的死亡。

海洋污染和侵蚀

珊瑚礁无可避免地会受到沿海人类活动的影响，港口排放的污染物、石油泄漏、压舱和舱底水排放、垃圾倾倒以及来自锚和人类活动的直接物理损伤，这些都影响珊瑚礁的健康生存。

除了对珊瑚的直接伤害，许多间接伤害同样严重。由于人类活动而产生的沉积物、杀虫剂和污染物沿河流进入海中，对珊瑚礁造成巨大的损害。珊瑚会因此而窒息，而珊瑚礁群落则面临着富营养化的危机。此外，生活垃圾的污染，对口

受污染的珊瑚礁

岸附近的珊瑚礁构成了特别的威胁，因为河流携带了大量淡水和沉积物会抑制珊瑚的生长。

污水滋生藻华

珊瑚虫需要其共生藻的帮助，而共生藻为其提供能量，需要阳光。人类生活污水的排放使临近的海水营养物和细菌含量增加，在发展农业的地方，化肥被冲到沿岸海域，也会造成相似的后果，就是海藻大量滋生，发生藻华。藻华遮蔽了阳光，使得珊瑚生长减慢。

藻华

藻华

117

　　由于沿海地区人口剧增、旅游业无序发展，污水处理设施难堪重负，很多未经处理的污水只能直接排入海中。当污水接触到珊瑚礁，珊瑚礁的生长会受到抑制。污水中富含营养物质，能够使藻类大量繁殖进而造成海水混浊不清，从而削弱了礁石的日照，种种作用交织起来，最终给珊瑚礁带来致命的影响。

沉积物令珊瑚窒息

　　珊瑚礁减少的另一个因素是沉积作用。珊瑚礁依赖珊瑚虫，但是珊瑚虫对泥沙等沉积物尤为敏感。滞留在珊瑚上面的泥沙或导致珊瑚虫窒息而亡，或降低其生长速度和着生能力，或使海水富营养化而滋长大量有害藻类。这些藻类与珊瑚争夺生存资源，导致珊瑚礁严重退化。海水中的悬浮物及泥沙产生的沉降作用致使珊瑚礁持续衰退。覆盖在珊瑚礁表面的沉积物不仅严重影响珊瑚的呼吸作用，而且增加的海水浊度还降低光合作用的效率。随着温度的升高和溶氧的降低，珊瑚白化程度也日益加深。

　　由于房屋建设需要，陆地植被被破坏，大量陆地沉积物被冲到珊瑚礁区域，结果依赖珊瑚礁生存的生物被埋在沉积物，甚至无法存活。此外，珊瑚礁沿岸经常修建港湾和码头，这对珊瑚礁的破坏几乎是毁灭性的。例如，1987年泰国修建一个深水码头时产生了大量的沉积物，最终导致附近的珊瑚死亡。

海洋污染

　　通常理解的海洋污染主要集中在生活垃圾和石油污染等方面，实际上海洋污染还包括海洋水体的富营养化及重金属污染等内容。海水营养化使得细菌迅速大量繁殖，水中溶解氧大大降低，进而影响珊瑚的代谢与繁殖，甚至致其死亡。学者们也就重金属污染对珊瑚的生长影响进行研究，他们发现珊瑚的共生藻——虫黄藻的含量变化规律表现出随铜离子浓度的增加先上升后下降的趋势，严重时还会引发珊瑚的白化现象。

这就表明重金属污染也将威胁珊瑚的生存。如美国的佛罗里达州，大量的污水排放使得沿海珊瑚礁明显减少。

石油泄漏以及通过船只排放的油性压舱水也会对珊瑚造成一定的影响。伊朗和伊拉克在海湾战争时，向阿拉伯湾排入 800 多万桶石油，这可能与鱼类以及其他物种数量的短期下降有关。1986 年，发生在巴拿马运河的重大石油泄漏事件，使得受影响地区珊瑚礁生物多样性严重丧失、珊瑚覆盖面积减少。从长远来看，石油泄漏会使珊瑚礁生态系统更加脆弱。

海洋污染

此外，珊瑚礁还会因周边红树林、海藻床以及其他栖息环境的退化而遭受威胁。如沿海地区潮间带的红树林是保护海岸土壤的卫士。它们就像船锚一样，用根须牢牢地抓住松软的泥土。它们具有很重要的生态意义，如防止土壤流失、过滤沉积物、保

美国加州海域发生的石油泄漏

119

红树林

持稳定的海岸等。从生态角度来说，保护红树林就是在保护珊瑚礁。

然而，现在有很多国家为了发展经济，不惜大面积地砍伐红树林。例如，一些国家把红树林出口到日本，致使本国红树大量减少，这也间接威胁了珊瑚礁的生存。

全球气候变暖和海洋酸化

全球变暖形势严峻

政府间气候变化专门委员会（IPCC）预测温度升高及海水酸化将导致全球气候发生重大变故，科学家们形象地指出人类正在"烹煮"地球。全球气候变化的主要原因是人类活动使得大气中的二氧化碳浓度不断升高，而这影响了大气和海洋的平均温度，引起了普遍的冰雪融化和海平面上升。

海洋是地球系统中最大的碳库，它能够吸收大气中的大部分二氧化碳，而吸收的二氧化碳的量又会影响海水中的碳酸盐循环，若吸收的二氧化碳过多就会导致海洋酸化。所谓海洋酸化，就是指大气中二氧化碳的浓度不断升高，海水吸收了过量的二氧化碳之后其 pH 降低，酸度增加的现象。目前，同工业革命前的水平相比，海洋的 pH 已经降低了0.1。预计到 21 世纪末期，pH 将持续降低 0.3~0.5。

到 2300 年，大气中增加的二氧化碳浓度将会导致 pH 降低 0.7。从直观的数据中人们不难发现，海洋酸化已成为 21 世纪海洋生态系统发生重大变化的一个驱动，这可能会引起诸多后果，不仅会造成珊瑚礁的生长减缓，还会影响物种组成，包括珊瑚、棘皮动物、甲壳动物、贝类和鱼类等的长期变化。

海洋酸化导致珊瑚礁生长减缓

英国媒体曾报道，全球变暖会导致海洋酸化，从而造成天然珊瑚礁生长减缓的现象，如若不及时采取行动，珊瑚礁或许将无法存活到 22 世纪。

科学家进行了一项有关于天然珊瑚礁的实验，该项实验改变了海水中的化学物质，模拟出大气层中二氧化碳过量所造成的影响。实验结果有力地证明了海水酸化与温室气体的排放有关，并且会降低珊瑚礁的生长速度。

二氧化碳被海水吸收并同其进行化学反应，增加了海水的酸性。如果海水酸性过强，将会溶解掉珊瑚或其他海洋生物外壳及骨骼中的碳酸钙，如蟹类。海洋酸化也会加剧珊瑚瑚白化的程度。珊瑚的生长需要固化海洋中的碳酸盐，而海洋酸化会加大碳酸盐固化过程的难度。因此，珊瑚的生存压力激增，进而加剧了珊瑚的白化现象。

为了研究温室气体排放所带来的影响，美国科学家控制了流经澳大利亚大堡礁部分海域的海水 pH，控制其 pH 接近合理的数值，这一方法增加了碳酸钙沉积后形成坚硬珊瑚骨骼的速率。

尽管研究已经表明，近几十年来珊瑚礁的数量正在急剧下降，但出现这一趋势的具体原因却难以查明。海洋酸化是诱发其可能的原因之一，其他原因涉及海水变暖、海洋污染以及过度捕捞等。

日益遭受破坏的珊瑚礁已经向人们发出预警，如果人类不立即采取行动，那么后果将非常严重。

海水温度升高使珊瑚白化

有人认为珊瑚礁所面临的最大威胁是气候变化。随着温室气体含量不断增加，全球气候持续变暖将导致珊瑚白化，这是造成珊瑚礁生态系统退化的主要原因。研究发现，只要礁区温度持续几周高出珊瑚生长的极限温度1℃~2℃就足以导致珊瑚礁白化。如1997~1998年受厄尔尼诺现象的影响，海水温度升高，珊瑚礁生物多样性严重受损。此外，盐度降低、高紫外线辐射和低温等因素同样可以导致珊瑚白化。

之前珊瑚白化多与厄尔尼诺现象引起的海水温度升高相关，由于厄尔尼诺每隔几年才会发生，因而珊瑚白化的发生并不频繁。可随着全球变暖的加剧，海水温度持续升高，在未来，高温海水很可能常态化。因而可以预见的是，珊瑚白化出现的频率和持续时间很可能也会随之增加。如1983年科摩罗群岛发生过一次严重的珊瑚白化和大规模死亡现象，研究推测这与同年厄尔尼诺现象引起的当地潟湖水温升高有关。

但全球性的气温升高仍在继续。近年来，虽然每年来自燃料燃烧和森林砍伐所释放的热污染量已经趋向平稳，但大气中的污染却在持续堆积。

因空气中的二氧化碳含量增加，海水中的化学成分会发生变化，进而致使珊瑚骨骼疏松，礁体增长迟缓。

此外，珊瑚病害也愈演愈烈。有科学家提出，水温升高可能只是一个触发点，真正导致珊瑚白化的原因可能是病毒。

知识链接

厄尔尼诺现象

"厄尔尼诺"在西班牙语中是"圣婴"的意思，特指发生在赤道太平洋东部和中部的海水大范围持续异常偏暖现象，通常2~7年出现一次。大范围热带太平洋增暖，会造成全球气候的变化，若这个状态持续3个月以上，会被认定是发生了厄尔尼诺事件。

科学家用一种珊瑚的近亲——绿色海葵进行试验。科学家把它们放在32℃的海水中24小时,要知道,这个温度远高于它们习惯的15℃。结果显示,水温升高的同时,一种寄生在海葵内部共生藻的病毒大量增殖。事实上,自20世纪70年代以来,珊瑚病害已波及106种珊瑚,范围遍及54个国家,最严重的一次是20世纪80年代的加勒比海珊瑚病害事件。

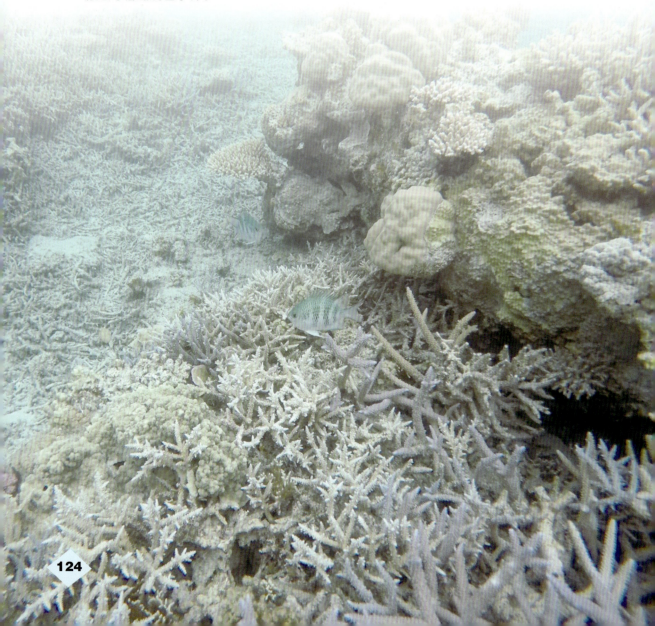

1998 年全球珊瑚白化

1997 年是国际珊瑚礁年，1998 年是国际海洋年。然而，全球的珊瑚却在这两年内经历了大量白化和死亡的空前危机。几十年来规模最大的全球性珊瑚白化和死亡事件爆发了，同时全世界也受到了 21 世纪最强厄尔尼诺的袭击。其中以浅水区珊瑚受害最为严重，甚至水深 40 米的珊瑚都受到波及。

此次事件波及范围极广，根据国际珊瑚礁学会的统计，全世界至少有 50 个国家的珊瑚礁发生大量白化的现象，遍及太平洋、印度洋及大西洋的主要珊瑚礁区，

几乎所有的石珊瑚和软珊瑚都遭殃，同时波及海葵、海绵、海鞘等生物。大堡礁的珊瑚也遭受了严重的影响。这一年，大堡礁共有 50% 的珊瑚发生白化现象。

大堡礁正经历白化事件

美国国家海洋和大气管理局于 2015 年 10 月 8 日宣布确认再次发生全球珊瑚白化事件。后来发现白化现象一直延长到 2017 年，这也由此成为历史上延时最长的全球珊瑚白化事件。

之前介绍过由于全球气候变暖引起海水升温，进而使得珊瑚礁严重白化，这种破坏对本就脆弱的生态系统而言是致命性

珊瑚白化

的。2016年大堡礁遭受了最严重的白化事件，波及90%以上的珊瑚。专家预计，随着全球气候变暖，珊瑚礁"漂白"频率的增加将使得珊瑚礁的恢复举步维艰。他们发现，许多珊瑚受到高温胁迫后立即死亡，但仍有一些是缓慢死亡的。珊瑚死亡与热暴露及白化数量有关，尤以大堡礁北部的珊瑚受创最为严重，原本成熟多样的珊瑚集群不断退化。有研究团队表示，目前来看白化的珊瑚集群基本上不太可能

"逆转"，许多幸存下来的珊瑚群仍在慢慢死去，即便是生长较快的珊瑚，至少也需要十年时间才能实现更新换代。

灾难并没有止步。2017年，严重的白化事件再一次降临在大堡礁，这使得损失进一步扩大。因此，科学家们总结认为，热带地区的珊瑚礁可能持续退化，直至气候变化稳定下来，让剩余种群有机会重组为耐热珊瑚集群为止。这种预测无疑是残酷的。

美丽的大堡礁

　　大堡礁大量的珊瑚在两度爆发的白化事件中死亡。珊瑚白化往往是因为气候变化，但大堡礁南部的珊瑚死亡却与白化关系不大，而是受到台风的严重破坏。

　　澳大利亚海洋科学研究所发布的监测结果显示，2016 年大堡礁上近 1/4 的硬珊瑚因台风而减少，导致珊瑚礁的平均覆盖率降至 18%。该结果还未包括 2017 年台风"黛比"带来的破坏性影响。

　　珊瑚礁素有海洋中的"热带雨林"之称，是许多海洋生物的栖息地。有科学家称："珊瑚礁是气候变化的第一位牺牲者。拯救这些美丽的生态系统的唯一希望是大幅减少温室气体排放。"据预测，今后 100 年海水温度会上升 2℃ ~6℃，估计珊瑚覆盖率将下降至 5% 以下。而由于水温升高，世界最大的活珊瑚礁群——大堡礁珊瑚群将面临消亡，对于人类来说，这无疑是无法弥补的巨大损失。为了阻止悲剧的发生，拯救珊瑚礁，刻不容缓。

全球在行动

20世纪80年代末，随着珊瑚礁的重要性不断凸显，面临的危机不断暴露，联合国和各国政府以及科学界开始关注珊瑚礁。人们发现珊瑚礁正在全球范围内大面积减少。造成这一状况主要有三方面的原因。一是全球气候变暖，这种气候的异常导致海水温度升高，海水出现酸化现象，这就使得全球的珊瑚礁出现了严重的后果，即使是澳大利亚的大堡礁——世界上保护得最好的珊瑚礁，也难以幸免。二是部分地区为了经济发展而盲目进行沿海开发，这种没有远见的逐利行为，无异于竭泽而渔，严重破坏了珊瑚礁。三是由于近年来人们对于珊瑚价值的了解日益增多，越来越多的人看到了珊瑚的商机，开始无节制地开采。正因危机重重，人们终于开始重视珊瑚礁的保护。珊瑚礁是全球的财富，在自然界，它为生物多样性作出了巨大的贡献；在人类社会，它与人类相生相伴，所以，保护珊瑚礁，全球在行动。

加强立法保护

作为拥有世界上最大的珊瑚礁群的国家，澳大利亚对于珊瑚礁的保护走在世界前列。早在1975年，澳大利亚就制定了《1975年大堡礁海洋公园法案》。该法案对于经过澳大利亚大堡礁附近的船只提出了很多具体的要求，政府和当地民众都深表支持，希望以此来保护这片净土。

大堡礁海洋公园一直致力于保护和管理海域内的珊瑚礁。2001年7月，《大堡礁海洋公园环境保护法》出台，它在《1975年大堡礁海洋公园法案》所提出的要求的基础之上，增加了更多的内容，比如：不许排放污水；来往商船不得经过划归海洋公园范围内的海上禁区。澳大利亚对于大堡礁的立法保护让更多的人认识到：珊瑚礁关系全人类的利益，需要大家共同保护。

事实上，在《国际海洋法》中，也有关于珊瑚礁的叙述，但是还没有将珊瑚礁作为一个主体专门进行立法，所以说，对于珊瑚礁在立法上的保护，全球的行动任重而道远。

强化国际合作

由于珊瑚礁的分布并不集中，而且与全球的生态环境和海洋开发息息相关，所以强化国际合作成了保护珊瑚礁的有效手段。

1998 年，联合国环境署（UNEP）和世界自然保护联盟（IUCN）共同出版了世界上第一部详细介绍全世界 108 个国家的珊瑚礁境况的三卷本书籍——《世界珊瑚礁》，这对研究和推行珊瑚礁保护的具体措施提供了强有力的支持。

1992 年 6 月，联合国环境与发展会议制定了有关可持续发展行动规划的《21 世纪议程》，议程中强调了珊瑚礁生态系统的重要性，并将其确定为优先保护对象。

1994 年国际珊瑚礁倡议（ICRI）正式成立，它致力于邀请众多发达国家和发展中国家、联合国机构、国际非政府组织、基金会和珊瑚礁科学家共同努力以延缓珊瑚礁退化的紧急形势。1995 年，国际珊瑚礁倡议提出了行动号召和行动框架文件，并先后启动以下 4 个活动单元：全球珊瑚礁监测网络（GCRMN），国际珊瑚礁信息网络（ICRIN），国际珊瑚礁行动网络（ICRAN），印度洋珊瑚礁退化网络（CORDIO）。ICRI 还借助政府和国际机构的力量把对珊瑚礁的关注带到国际论坛上，如联合国大会及 2002 年可持续发展世界峰会（WSSD）。在它的有力推动下，1997 年举办的国际珊瑚礁年活动和 1998 年举办的国际海洋年活动极大地提高了民众的珊瑚礁保护意识。

建立自然保护区

提到自然保护区，更常见的是陆地上的自然公园或者野生动物保护区。事实上建立珊瑚礁自然保护区的要求更为严苛：在这里不允许捕鱼，也不允许随意开采珊瑚，这是为了使不堪重负的珊瑚礁得到恢复和休整，也是为了维持珊瑚礁自身的美观，更是为了保护生物多样性，可以说是一举多得。

在全球范围内，珊瑚礁有十大重点保护区，这些保护区内生活着丰富的海洋生物，但也因此极易受到破坏，需要我们加大监管力度。这十大珊瑚礁保护区分别位

于菲律宾、印度尼西亚的巽他群岛、印度洋的南马斯克林群岛、几内亚湾、南非东部、北印度洋、中国南部及日本、佛得角群岛、西加勒比海以及红海和亚丁湾。这十大保护区的珊瑚礁在全球珊瑚礁总量中占 24%，珊瑚礁海域占全球海洋总面积的 0.017%，但却包含 34% 的海洋特有生物品种。

20 世纪 70 年代初，美国最先建立起国家级的海洋自然保护区。海洋自然保护区指的是"各个国家为保护海洋环境、海洋资源、海洋生物多样性等而划出的，需要特殊保护并具有代表性的自然地带"。继美国建立国家级海洋自然保护区并颁布《海洋自然保护区法》后，许多国家纷纷效仿，将建立海洋自然保护区的行动法制化，从而在全球各地先后建立了 6000 余个海洋自然保护区。

下面介绍几个比较有名的海洋自然保护区。

首先是澳大利亚的大堡礁海洋自然保护区，其面积为 34.54 万平方千米，位于澳大利亚的昆士兰州以东，巴布亚湾与南回归线之间的热带海域。这里景色迷人、险峻莫测，水流异常复杂，并有着得天独厚的科学研究条件，这里有 400 余种不同类型的珊瑚礁，大约 150 个滨海红树林群岛、1 500 种鱼类、4 000 种软体动物，聚集的鸟类也有 240 种。此外，这里还是一些濒危动物（如儒艮和绿龟）的重要栖息地。

除了大堡礁，美国的巴尔米拉环礁也为世人所知。环礁是由一系列珊瑚礁、岛屿组成的环形地貌，也有可能是中心有潟湖的小群岛。当水下的火山喷出海面，便形成了岛屿。分布在边缘的礁石围绕岛屿生长起来，随着时间推移，沉积物和植物覆盖上了某些礁石，于是便形成了环绕岛屿的小群岛。最终，火山又沉到水下，留下了一圈礁石和岛屿。巴尔米拉环礁位于太平洋中西部的北莱恩群岛，是美国唯一的合并领土和美国非宪辖领土。事实上，这里之所以令人惊叹，是因为巴尔米拉环礁包含50个小岛，但是其平均高度仅仅两米，岛上并没有常住居民，可以说是海鸟繁殖与珊瑚礁族群的天然庇护所。

加拉帕戈斯群岛海洋保护区是发展中国家里面积最大的海洋保护区，分布于太平洋东部的赤道两侧，属于厄瓜多尔管辖的火山群岛。它由7个大岛、23个小岛及50多个岩礁共同组成。

加拉帕戈斯群岛海洋保护区局部

加拉帕戈斯群岛海洋保护区局部

加拉帕戈斯群岛因其自然纯朴而被誉为"地球上最后的天堂"。加拉帕戈斯群岛地处三大洋流的交汇处，这里有很多独特的海洋生物。由于这里现存许多不寻常的动物物种，因此加拉帕戈斯群岛也被称为"独特的活的生物进化博物馆和陈列室"。

最后要介绍的是珊瑚礁三角区。珊瑚礁三角区，主要是指菲律宾、印度尼西亚、巴布亚新几内亚和所罗门群岛之间呈三角形的海域，面积达 1.8 万平方千米，名称源于该区域生存的种类繁多的珊瑚。虽然它不是专门的自然保护区，但却是海洋生物多样性的中心地带，很多生物专家在经过大量研究后推断，这里很可能是"生命起源的中心"，这也使得珊瑚礁三角区备受世人瞩目。

珊瑚礁三角区

搁浅在珊瑚礁上的"护卫者"号扫雷舰

据估计，仅鸟头半岛周围海域就分布有600种造礁珊瑚，另外还有约1 200种的鱼类。

在珊瑚礁三角区还发生过一起关于珊瑚礁保护的极富代表性的事件。2013年，美国"护卫者"号扫雷舰在菲律宾图巴塔哈珊瑚礁群搁浅。正常的解决方法是用巨型浮吊将扫雷舰吊起，然后放置到深海区域或者放到一艘驳船上拖走，但是，这很可能会对舰艇底部的珊瑚礁造成大面积的破坏。在这种情况下，美国太平洋舰队和菲律宾官方再三商议，最终决定将扫雷舰原地拆除然后分批运走。这一事件说明，对于珊瑚礁的保护和海洋环境的维护日益为全球各国所接受并得到了各国的大力支持。

组建保护组织

珊瑚礁联盟是一个由其成员支持的非营利性公益组织。这个组织主要通过综合性的生态系统管理、可持续旅游业以及社区合作等手段来保障珊瑚礁的健康生长。其组织宣言是："与世界各地的人们一起致力于保护珊瑚礁！无论你是最普通的渔民还是政

府领导人，无论你是潜水员还是科学家，无论你是加利福尼亚人还是斐济人，加入珊瑚礁联盟吧，一起保护我们最宝贵和最脆弱的生态系统，一起保证珊瑚礁的健康，增强它的复原力。全球的伙伴们，加入我们吧！"珊瑚礁联盟为试图保护海洋、保护珊瑚礁的人们提供了一个机会。他们会在官方网站上定期推出最新、最前沿的珊瑚礁动态，还推出了各种奖项来调动参与者的积极性。可以说，作为一个非营利的国际保护组织，珊瑚礁联盟对于关注和保护珊瑚礁以及海洋资源作出了重要的贡献。

珊瑚礁联盟图标　　　　　　　　　　　国际珊瑚修复基金会图标

国际珊瑚修复基金会是一家致力于保护及重建珊瑚礁生态系统的非营利机构，总部设于美国佛罗里达。基金会坚信每一个人的努力都会带来积极的生态改善，成员们通过普及海洋环保知识和组织志愿者活动来号召更多的人参与到珊瑚礁保护工作中来。仅 2015 年一年间，基金会组织志愿者人工培植了 22 502 株珊瑚，并计划未来为原生珊瑚礁重植 40 000 株新珊瑚。此外，基金会还开设了 72 个潜水课程，在教授潜水技巧的同时启发学员保护海洋环境。

举办主题摄影展

对于很多并不住在海边的人来讲，在现实生活中他们很难领略珊瑚礁的美丽，更不用说去保护珊瑚礁了。因此，想要调动人们的积极性，唤醒人们对于珊瑚礁的保护

The Coral Triangle
摄影师： *Eric Madeja*（马来西亚）　　**拍摄地点：珊瑚礁三角区**

意识，首先就要给更多的人展示珊瑚礁别样的美。而直观的摄影展就是最好的方式之一。近年来，有越来越多的国家和组织通过举办主题摄影展的方式向大众展示一个五彩缤纷、生命力旺盛的珊瑚礁世界，从而引起人们对珊瑚礁的重视与关心。

　　美国加利福尼亚州科学院主办的摄影赛事——"*The Big Picture*"自然世界摄影比赛就是比较典型的生物自然主题摄影比赛。该比赛分为"自然的艺术""风光、水景、植物""人与自然""飞行动物""水生生物"等组别。值得注意的是，该比赛还专门设立了"珊瑚礁"组作为一个单独的比赛项目。在众多摄影大师和摄影爱好者的努力下，人们有机会领略到珊瑚礁的独特之美。此次比赛"珊瑚礁"组的冠军作品是 *The Coral Triangle*，该组作品是由马来西亚的著名摄影师 *Eric Madeja* 在珊瑚礁三角区拍摄的。

　　近年来，随着对海洋环境和珊瑚礁资源的日益重视，我国也在进行着珊瑚礁的关注和保护。为此，海南三亚就举办了"珊瑚杯·水下摄影大赛"。该大赛联动了国内各海洋城市和国际伙伴，动员了广大民众深度参与，对于珊瑚礁的保护起到了推动作用，是一次非常有意义的尝试。

开展人工繁殖

　　随着时代的进步和科技的发展，人们对于珊瑚礁面临的危机自然不会束手无策。澳大利亚的科学家就在大堡礁的一处地方培育珊瑚，并成功地将其移植到另一区域。这项研究表明科学家可以在天然珊瑚幼虫受创的地方进行修复，并逐步恢复受损的珊瑚群体，而这也将有助于恢复全球受损的海洋生态系统。具体的做法可以简单概括为：研究人员首先收集大量的珊瑚卵和精子，培育成幼虫，他们在大水槽内培育数以百万计的珊瑚幼虫，然后用大型水下网状帐篷把它们放在珊瑚礁上。数月后，研究人员发现珊瑚幼虫存活下来并且长大。

　　这种大量幼虫修复法和现行珊瑚造园法不同。珊瑚造园法是一种常见的珊瑚培育方法。它主张先把健康的珊瑚拆解，然后把健康的分枝插在珊瑚礁上，希望它们能够再次生长，或是在保育室培育珊瑚，然后移植。但是这种方法并不适合于大面积的珊瑚礁修复，所以，澳大利亚的这种通过培育并添加高密度的珊瑚幼虫来产生更多的珊瑚的方法非常具有推广意义。

　　雅克·库斯托（Jacques Cousteau），法国著名的海洋学家，一生致力于保护海洋生态系统。他于1973年成立了库斯托协会（Cousteau Society），通过教育和科研

人工培育珊瑚

项目，唤起人们对于海洋生态系统的关注。他去世后，他的家人延续了他的工作。他的孙子法比恩（Fabien）甚至成立了自己的海洋保护机构——Fabien Cousteau 海洋学习中心。2016 年，该机构将 3D 打印技术应用到珊瑚礁保护工作之中。该机构采用了投放人工合成的 3D 打印珊瑚礁的方式，将质地、外观、化学组成都与天然珊瑚礁类似的 3D 打印珊瑚礁投放到海洋中，让它们自己寻找依附空间，从而再次吸引鱼类和其他海洋生物，以此重建受损的珊瑚礁生态系统。

3D 打印的珊瑚礁

在全球多方势力的研究和推广下，越来越多的人了解到海洋生态环境的紧迫现状，越来越多的人意识到保护珊瑚礁刻不容缓。因此，虽然保护珊瑚礁的行动任重而道远，但只要全球一起行动，珊瑚礁一定会更加美丽动人！

Fabien Cousteau **海洋学习中心的标志**

中国探索

我国是世界重要的珊瑚礁国家之一，按照完整的礁体地貌范围来计算，珊瑚礁的总面积约 3 万平方千米。永兴岛是我国最大的珊瑚礁岛。

受全球海水升温、海水酸化、渔业资源的过度捕捞以及海岸带开发等因素影响，全球的珊瑚礁正急剧退化。与全球珊瑚礁一样，我国珊瑚礁也呈现出了持续退化的趋势。

除此之外，在我国，由于珊瑚礁在传统利用上的直接经济价值相对较低，其价值通常被低估而易受破坏。

我国非常注重珊瑚礁的保护和修复工作，提倡科学管理，积极探索珊瑚礁保护途径，并由此获得了大量的理论成果和实践经验，我国通过立法和建立保护区等具体措施，加大对管辖海域范围内珊瑚礁开发利用的监管力度。同时，积极进行科研探索，充分发掘我国珊瑚礁的巨大资源潜力。

立法探索

近年来，随着政府对于海洋生态保护和珊瑚礁资源的日益重视，我国从立法入手，实施了多项珊瑚礁保护措施。我国将"珊瑚礁保护"明确写入了《中华人民共和国环境保护法》《中华人民共和国海洋环境保护法》《中华人民共和国自然保护区条例》《中华人民共和国水生野生动物保护实施条例》等法律法规中。此外，海南省 2016 年出台了《海南省珊瑚礁和砗磲保护规定》，该规定根据上述的有关法律法规制定，海南省希望借此加强对于珊瑚礁和砗磲资源的保护，以此来实现对海洋生态环境的改善。

海南省的立法可以说为我国在保护珊瑚礁和海洋资源方面的探索开辟了一条新路。虽然国家大方向上的立法举措有利于我国从宏观上加大对珊瑚礁的保护力度，但是在具体的实践过程中，还需要因地制宜，对症下药。而海南省的做法启示我们，在具体的立法保护中要结合海域和珊瑚礁区域的实际条件，结合当地的经济建设和生态发展，从微观的、具体的方面入手，来深入落实珊瑚礁保护的具体举措。可以说，宏观与微观的结合与具体实践是中国在保护珊瑚礁方面进行的富有成效的立法探索。

建立自然保护区

如之前所说，建立自然保护区是保护珊瑚礁的有效途径，因此我国也在积极探索，逐步落实。自1983年建立广东大亚湾水产资源自然保护区以来，我国先后建立了多个珊瑚礁自然保护区，如1990年建立了国家级海南三亚珊瑚礁自然保护区，1998年建立了省级福建东山珊瑚自然保护区，2007年建立了国家级徐闻珊瑚礁自然保护区。对于珊瑚礁自然保护区的建立实现了步步推进，营造出均衡发展的海洋生态保护态势。

作为我国第一个与海洋生态密切相关的自然保护区，大亚湾水产资源自然保护区在划定之时就有一个重要的任务——积极做好大亚湾南海石化引堤珊瑚礁移植工作。该项目旨在与南海水产研究所共同实施中国首例珊瑚礁移植项目工程，而该项目最终成功。这一尝试为我国近海工程与海洋生态保护之间架起了一座桥梁。

随着国家对珊瑚礁保护的日益重视，1990年9月，三亚珊瑚礁自然保护区正式建立，是经国务院批准建立的国家级海洋类型自然保护区。该保护区的建立无疑是对我国珊瑚礁专门性保护的一项突破性进展。造礁珊瑚、非造礁珊瑚、珊瑚礁及其生态系统共同构成了该保护区的主要保护对象。

东山岛位于福建南部，其水域跨过北回归线，区内所拥有的大量不成礁的石珊瑚标志着东山水域的亚热带性质。东山珊瑚保护区是海洋生物栖息、繁殖、生长、索饵的重要场所，经初步调查，已在东山发现8种石珊瑚。石珊瑚是造礁珊瑚的主力，而石珊瑚形成的珊瑚礁能够形成别样的立体空间，从而构成独特的珊瑚礁生态系统。

徐闻珊瑚礁自然保护区地处广东省雷州半岛的西南部，坐落于湛江市徐闻县境内，分布于角尾、西连、迈陈的西部海区。作为我国大陆沿岸唯一一个发育和保存下来的现代珊瑚岸礁，徐闻珊瑚礁自然保护区于 2007 年 4 月被国务院批准升格为国家级自然保护区。保护区内渔业资源丰富，另有石珊瑚目 11 科 54 种。这 54 种石珊瑚均为国家 II 级重点保护动物，并被列入世界《濒危野生动植物种国际贸易公约》。

美丽的大亚湾水产资源自然保护区

生态调查

生态调查

举办珊瑚礁多媒体知识讲座

徐闻珊瑚礁自然保护区为人们所关注，并不仅仅是其在自然保护方面的贡献，事实上，它协助中国科学院南海海洋研究所、广东省海洋与渔业环境监测中心、中国海洋大学、广东海洋大学等科研院所开展珊瑚礁的生态调查与科学研究。这些科研活动为我国乃至全球珊瑚礁保护事业都贡献了巨大的力量。此外，保护区非常重视推广和普及珊瑚礁保护的相关知识，不仅利用宣传车在各乡镇、村庄宣传珊瑚礁保护知识，还在沿海各中小学举办珊瑚礁多媒体知识讲座。

总之，自然保护区的建立，将有效保护区域内的海洋动植物及其赖以生存的环境，有效保护自然资源与环境以及生物多样性。开展保护区建设，既能使陆地与海洋环境保护相协调，又能最大限度地保护发展生产力的资源，保护可持续发展的资源基础，维护自然生态平衡，倡导人与自然和谐相处，最终有助于构建和谐共生的生态体系。

科研探索

西岛珊瑚培育实验中心坐落于我国海南的三亚珊瑚礁自然保护区，该中心把珊瑚的培育从实验室引向广阔大海，并且为各地供给大量的可移植的珊瑚片段、个体（苗种），这极大地满足了与日俱增的珊瑚修复需求。西岛珊瑚培育实验中心设有实验室和培育池两部分，其中培育池是按照珊瑚种属设置环境指标以满足珊瑚生长需求的人工环境。

"造礁珊瑚好比是一个娇弱敏感的小姑娘，海水的水质、光照、水温、盐碱度等各类属性的变化均能影响其成长。"为了实现珊瑚礁的生态修复，三亚珊瑚礁自然保护区对珊瑚礁生长状况、底栖生物等海洋生物及水质进行常年监测以记录不同条件下的珊瑚礁生态状况。珊瑚培育实验中心选址在西岛，正是考虑西岛海域的海水水质为国家一类海水水质标准，环境适宜珊瑚礁生存。

在该培育实验中心，研究人员一般会选用 20 厘米以上的成熟珊瑚，截取 5 厘米长的"枝丫"进行培养。在适宜的人工环境下，"枝丫"会像一棵小树一样吐出新芽，

不断生长。待时机成熟，研究人员再将新长出的芽体剪下，植入底座，固定在人工珊瑚架上，最后放归大海，从而实现"量产"珊瑚。此举可有效减少对野生珊瑚礁的依赖与破坏，实现集约、高效地使用有限的珊瑚资源。

经调查，西岛海域附近的珊瑚多为盔形珊瑚和蜂巢珊瑚，鹿角珊瑚、杯形珊瑚等较少。下一步，西岛珊瑚培育实验中心将着力修复珊瑚礁的多样性，利用人工培植技术恢复尽可能多的珊瑚品种。

总而言之，在强化保护和科学管理的前提下，我国对于保护珊瑚礁的多方面探索都使得我国的珊瑚礁保护工作得以顺利开展。事实上，中国珊瑚礁具有巨大的资源潜力和良好的海洋高科技产业化前景。积极开展珊瑚礁的保护和培育工作不仅能提高海洋资源开发能力，保护海洋生态环境，更有助于发展海洋经济，维护国家海洋权益，建设海洋强国！

人工培育珊瑚示意图

后 记

当你看到这一页时，我们已经携手探寻了不少珊瑚礁与人类的"秘密"了。那些你曾经为之惊叹的"海中石花"，在你眼中，或许已被赋予了别样的内涵。

你或许为珊瑚礁的资源价值而感叹不已，或许为珊瑚饰品越过千年的文化内涵而深深折服，或许对自己身边的海洋元素心生探索之意，或许对人类与自然的相生相伴而别有领悟。

你更会了解到，全球变暖，酸雨侵袭，人类破坏，海洋污染……面对着种种危机，全球在行动，我们国家更进行着不懈探索：完善立法，加强国际合作，建立自然保护区，进行人工繁育……这之中，需要你的关注，更需要你的参与！

这是一本讲述珊瑚礁与人类的小书，它由我们书写，由你们阅读；但，还有一本讲述海洋与人类的大书，它由你们来书写，由更多的人领悟。把这本书当作一章序言吧，笔已经在你的心中，了解海洋，关爱海洋，保护海洋，拥抱海洋，书写一本人与海洋的和谐之书吧！

图书在版编目（CIP）数据

珊瑚礁与人类 ／ 杨立敏主编. — 青岛 ：中国海洋
大学出版社，2019.12
　　（珊瑚礁里的秘密科普丛书 ／ 黄晖总主编）
　　ISBN 978-7-5670-1783-2

　　Ⅰ．①珊… Ⅱ．①杨… Ⅲ．①珊瑚礁－青少年读物
Ⅳ．①P737.2-49

中国版本图书馆CIP数据核字(2019)第289715号

珊瑚礁与人类

出 版 人	杨立敏		
出版发行	中国海洋大学出版社		
社　　址	青岛市香港东路23号	邮政编码	266071
网　　址	http://pub.ouc.edu.cn	订购电话	0532-82032573（传真）
项目统筹	邓志科	电　　话	0532-85901040
责任编辑	郑雪姣	电子信箱	zhengxuejiao@ouc-press.com
印　　制	青岛海蓝印刷有限责任公司	成品尺寸	185 mm × 225 mm
版　　次	2019年12月第1版	印　　张	10.5
印　　次	2019年12月第1次印刷	字　　数	100千
印　　数	1～10000	定　　价	29.80元

发现印装质量问题，请致电 0532-88786655，由印刷厂负责调换。

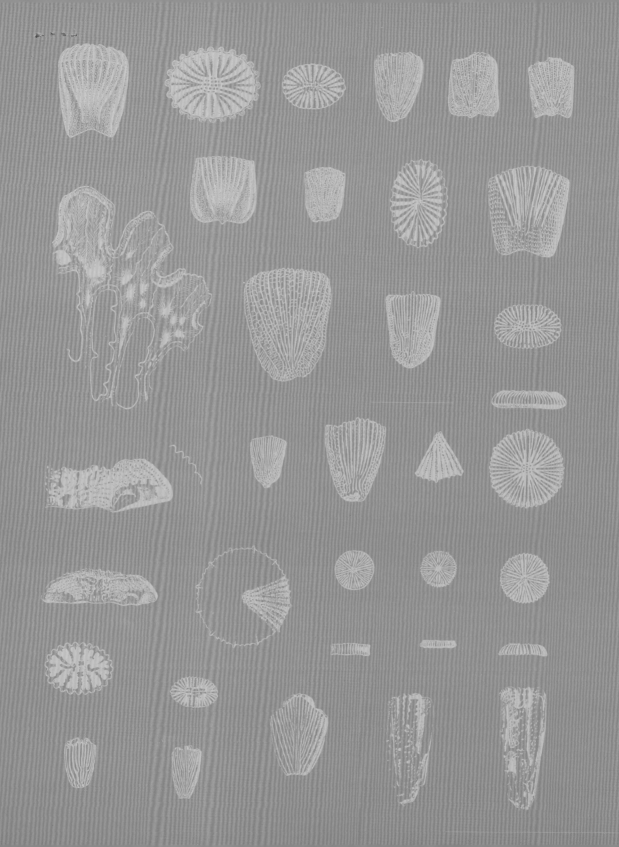